Ali Osman Pektaş

Akış Katsayısı ve Büyük Havzalarda Hesaplama Yöntemleri

Ali Osman Pektaş

Akış Katsayısı ve Büyük Havzalarda Hesaplama Yöntemleri

Runoff coefficient

Türkiye Alim Kitapları

Impressum / Yayınevi adı
Bibliografische Information der Deutschen Nationalbibliothek: Die Deutsche Nationalbibliothek verzeichnet diese Publikation in der Deutschen Nationalbibliografie; detaillierte bibliografische Daten sind im Internet über http://dnb.d-nb.de abrufbar.
Alle in diesem Buch genannten Marken und Produktnamen unterliegen warenzeichen-, marken- oder patentrechtlichem Schutz bzw. sind Warenzeichen oder eingetragene Warenzeichen der jeweiligen Inhaber. Die Wiedergabe von Marken, Produktnamen, Gebrauchsnamen, Handelsnamen, Warenbezeichnungen u.s.w. in diesem Werk berechtigt auch ohne besondere Kennzeichnung nicht zu der Annahme, dass solche Namen im Sinne der Warenzeichen- und Markenschutzgesetzgebung als frei zu betrachten wären und daher von jedermann benutzt werden dürften.

Deutsche Nationalbibliothek tarafından yayınlanan bibliyografik bilgiler: Deutsche Nationalbibliothek, bu yayını Deutsche Nationalbibliografie'de listeler; detaylı bibliyografik bilgi İnternet'te http://dnb.d-nb.de sitesinde mevcuttur.
Bu kitapta bahsedilen herhangi bir marka ve ürün adı, tescilli marka, marka veya patent korumasına tabidir ve ilgili sahiplerin ticari veya tescilli markalarıdır. Marka, ürün, ortak ve ticari adların, ürün açıklamalarının v.s. işbu eserde özel işaretleme olmadan bile kullanılması, bu çeşit adların, tescilli marka ve marka korunması kanunu açısından kısıtlanmamış ve böylece herkes tarafından kullanılabilir olarak hiç bir şekilde yorumlanamaz.

Coverbild / Kitap kapağı resmi: www.ingimage.com

Verlag / Yayıncı:
Türkiye Alim Kitapları
ist ein Imprint der / yayınevinin bir ticari markasıdır
OmniScriptum GmbH & Co. KG
Heinrich-Böcking-Str. 6-8, 66121 Saarbrücken, Deutschland / Almanya
Email / E-posta: info@turkiye-alim-kitaplary.com

Herstellung: siehe letzte Seite /
Basım yeri: son sayfaya bakın
ISBN: 978-3-639-67184-1

Aileme ,

ÖNSÖZ

Bu kitap 2010-2012 yılları arasında İstanbul Teknik Üniversitesi'nde yapmış olduğum doktora çalışmama dayanmaktadır. Bu yüzden çalışmalarım boyunca bana yol gösteren ve benden hiçbir yardımı esirgemeyen sayın hocam Prof. Dr. H. Kerem Cığızoğlu'na çok teşekkür ederim. Tüm çalışma hayatım boyunca manen desteklerini hep arkamda hissettiğim Anne ve Babama, uzun çalışma dönemlerinde çocuklarımıza hem annelik hem babalık yapan sevgili eşime teşekkuru bir borç bilirim.

Son olarak bu çalışmanın yapılmasında bana yardımları olan tüm yayın evi çalışanlarına ve editörüme teşekkurlerimi sunarım.

Ekim 2014

Dr. Ali Osman Pektaş

İÇİNDEKİLER

KISALTMALAR

AAF	: Alansal Azaltma faktörü
AAR	: Adım Adım Regresyon
ACF	: Otokorelasyon
AGİ	: Akım Gözlem İstasyonu
ARIMA	: Autoregressive Integrated Moving Average
BDÖK	: Bağımsız Değişken Önem Katsayısı
BIC	: BayesianInformation Criterion
C	: Akış Katsayısı
ÇED	: Çevresel Etki Değerlendirme Raporu
DMİ	: Devlet Meteroloji İşleri
DSİ	: Devlet Su İşleri
EDA	: Etkin Drenaj Alanı
ES	: Eksponansiyel Yumuşatma
GDR	: Geriye Doğru Regresyon
HWES	: Holt-Winter Eksponansiyel Yumuşatma
İSKİ	: İstanbul Su ve Kanalizasyon İdaresi
OO	: Olay Odaklı
P	: Yağış (Gözlenmiş Yağış Yüksekliği Miktarı)
PACF	: Parçalı Otokorelasyon
Q	: Debi (Gözlenmiş Akış Miktarı)
Q_b	: Taban Akışı
Q_d	: Dolaysız Akış
Q_y	: Yüzeysel Akış
RTM	: Revize Thiessen Metodu
SARIMA	: SeasonalAutoregressive Integrated Moving Average
SSES	: Basit Mevsimlik Eksponansiyel Yumuşatma
SPSS	: Statistical Packages For The Social Sciences
TAİ	: Taban Akışı İndeksi
TM	: Thiessen Metodu
YGİ	: Yağış Gözlem İstasyonu
YSA	: Yapay Sinir Ağları
ZO	: Zaman Odaklı

ÇİZELGE LİSTESİ

Sayfa

ŞEKİL LİSTESİ

Sayfa

ÖZET

Akış katsayısı; yağış yoğunluğu, yağış alanı, yağışın mevsimlik dağılımı, sızma oranı, zemin cinsi, şehirleşme, havza parametreleri, havza içi su transferleri, su biriktirme yapıları ve yapay yer altı suyu beslemesi gibi iç bağımlı birçok faktöre bağlıdır.

Bir havzanın akış katsayısını tespit etmede iki yaklaşım tarzı vardır. Bunlar veri odaklı hesaplamalar ve abak (tablo) kullanımı ile yapılan hesaplamalardır. Abak kullanımı ile akış katsayısı doğrudan abaktaki parametrelere bağlı kestirilir veya tablolarara işlemlerde kullanılarak akış katsayısı kestirimi yapılır. Kullanılan hazır abakların o coğrafya için uygunluğu çoğu zaman detaylı olarak araştırılmamaktadır. Başka bir coğrafya verilerinden üretilmiş hazır abakların kullanılmasında çeşitli mahsurlar vardır. Çalışmada akış katsayısının değişim dinamiklerine ve yerel kullanıma uygun bir abak geliştirilmiştir. Bunun için lojistik regresyon yöntemi kullanılmıştır. Kurulan lojistik regresyon modeli küçük akış katsayısı değerlerini tahmin etmede başarılı, büyük akış katsayısı değerlerini tahmin etmede başarısız bulunmuştur. Bu durumun temel nedeni çalışılan havzalarda akış katsayısının 0.5'i aşan büyük değerlerine çok nadir rastlanmasıdır. Daha uzun verilerle yapılacak olan çalışmalarda bu durumun aşılacağı düşünülmektedir.

Veri odaklı hesaplamalarda basit veya karmaşık bir yağış akış modeli kurulur. Kurulacak olan yağış akış modelinin başarısı fiziksel gerçekliği yansıtmak için içerdiği belirsizliklerin (tahmin edilen parametrelerin) azlığı, ve yapılan kabullerin başarısı ölçüsünde artacaktır.

Havza alanının büyümesi geçiş süresi ve tepki süresi gibi kavramların hesaplarda etkin olması ve havza sistem elemanları ilişkisinin karmaşıklaşması demektir. Çalışmada, alansal yağış hesaplanmadan önce, noktasal yağış verileri zaman içinde ötelenerek gecikme zamanlarının etkisi hesaplamalara dâhil edilmiştir. Bunun için; çok değişkenli regresyon modelleri kullanılmış ve yapay sinir ağları modellerinde hassaslık analizleri yapılmıştır. Çok değişkenli modellerde adım adım ve geriye doğru regresyon modelleri kurulmuştur. Modele bağımsız değişken olarak girilecek yağış gözlem istasyonlarının veri setleri türetilirken debi yağış korelagramları çizilmiştir. Korelâsyon değişiminin %5'in altına düştüğü serilere kadar veri türetilme işlemi yapılmıştır. Havzalarda Thiessen çokgeni havza alanına giren yağış gözlem istasyonlarının t-n güne kadar türetilmiş verileri bağımsız değişken, çıkış noktası debisi bağımlı değişken olmak üzere regresyon ve yapay sinir ağı modelleri kurulmuştur. Çok değişkenli regresyon modelleri kurulurken multikolinearite probleminin varlığı araştırılmış, bu değişkenler regresyon modelinden çıkarılmıştır. Regresyon T istatistikleri ve regresyon denklemi katsayıları girdiler ile çıktı arasında ilişkinin gücünü gösteren birer büyüklük olarak değerlendirilmiştir. Yapay sinir ağları ile yapılan çalışmada ise türetilmiş veri setleri ile debi arasında tahmin R kare değeri en büyük yapay sinir ağı mimarisi belirlenmiştir. Bu mimari üzerinde bağımsız değişken önem analizi yapılmıştır. Yapay sinir ağlarının başlangıçta atadığı değerlerin keyfiliğine bağlı olarak her denemede farklı sonuçlar çıkabilmektedir. Bu durum gözetilerek her havzada uygun mimari ile 15 defa yapay sinir ağı modeli üzerinden bağımsız değişken önem analizi yapılmış ve bu değerlerin ortalaması alınarak nihai ağırlıklara karar verilmiştir.

Akış katsayısı hesaplamaları belli zaman aralıklarında (yıllık, aylık) yapılmasıyla zaman odaklı akış katsayıları bulunmuş olur. Hesaplamaların hidrograf analizi ile yağış akış olayları incelenerek yapılması sonucunda olay odaklı akış katsayıları hesaplanmaktadır. Hidrograf analizine dayanan yöntemler saatlik veya sürekli verilerle yapılmaktadır. Bir çok coğrafyada saatlik gözlem verileri olmadığı için bu metot günlük verilere uyarlanmıştır. Sürekli hidrograf ayırma yöntemleri kullanılarak dolaylı akış ve taban akışı ayrımı yapılmıştır. Olay odaklı akış katsayılarının bulunması aşamasında incelenecek yağış akış olaylarının seçilmesinde iki kriter uygulanmıştır. Bunlar; olayın bir pik debi civarında olacağı ve bu pik debi anında dolaysız akış miktarının taban akışına oranının en az iki olması gerektiği şartlarıdır. Böylece incelenecek yağış akış olaylarında olay büyüklüğüne bağlı bir seçim yapılmaktadır. Çalışılan havzalarda gözlem süreleri boyunca yapılan incemede 516 olay tespit edilmiştir. Bu olaylar tespit edildikten sonra başlangıç ve bitiş noktaları iteratif bir metot ile bulunmuştur. Başlangıç ve bitiş noktaları araştırmasının kısıtlanmasında ise İngiliz Hidroloji Enstitüsü tarafından "akımın tümünün taban akışından sağlandığı günler" olarak tanımlanan, kırılma noktaları kullanılmıştır.

Akış katsayısı, akış yüksekliği ve alansal yağışın oranı alınarak hesaplanmaktadır. Kullanılan alansal yağış ve akış yüksekliği hesaplama yöntemine göre farklı akış katsayıları hesaplanaktadır. Çalışmada ispatlandığı gibi küçük havzalarda akış yüksekliğinin hesaplanmasında sabit havza alanı kullanımı sonuçları pek etkilemese de büyük havzalarda bu yaklaşımın benimsenmesi, gerçeğin altında akış katsayısı hesaplamalarını netice vermektedir. Bu yüzden çalışmada akış yüksekliğinin hesaplanmasında yağış alanı hesaplamaları yapılmış ve sabit havza alanı yerine kullanılmıştır. Alansal yağış hesaplama yöntemlerine bağlı olarak bulunan yağış alanları, debiye katkı sağlayan alan olarak tanımlanmış ve etkin drenaj alanı olarak isimlendirilmiştir. Etkin drenaj alanı kullanımının akış katsayısı hesaplamalarına etkisi araştırılmıştır. Çalışılan havzalarda etkin drenaj alanı kullanımı ile akış katsayılarının gerçeğin altında küçük çıkması durumunun düzeldiği saptanmıştır.

Bu çalışmada alansal yağışın hesaplanmasında, kullanımının kolaylığı ve pratikliği dolayısı ile uzun yıllardır kullanılan Thiessen metodu, bu metodun bazı eksiklerinde iyileştirmeler yapılarak yeni türetilmiş Revize

Thiessen metodu ve Alansal Azaltma Faktörleri kullanılmıştır. Akış katsayısı hesaplama yaklaşımları bu metotların adıyla isimlendirilmişlerdir. Akış katsayıları gözlenebilen veya ölçülebilen büyüklükler değildir. Dolayısıyla farklı metotlar ile bulunan akış katsayılarının doğruluğunun matematiksel olarak test edilebilmesi için ikincil derecede değerlerin varlığı gerekmektedir. Çalışmada bu maksatla taban akışı indeksleri ve akış katsayılarının kabül edilebilir değer aralıkları kullanılmıştır. Taban akışı indeksi hesaplanan zaman aralığında akarsu debisinin hangi oranda taban akışından kaynaklandığını belirten birimsiz bir büyüklüktür. Akış katsayısı ise yağışın ne kadarının akışa geçtiğini belirten birimsiz bir büyüklüktür. Taban akışı indeksi ve akış katsayısı değerleri sıfır-bir aralığında değişen büyüklüklerdir. Çalışmada aralarındaki ilişki irdelenmiş ve tanımlarından sezgisel olarak bilinen uyum kriteri matematiksel olarak ispatlanmıştır.
Çalışmada kullanılan akış katsayısı hesaplama yöntemleri akış katsayıları üzerinden kıyaslanmış ve Revize Thiessen Metodu en başarılı yöntem olarak bulunmuştur. RTM metodu kullanılarak yapılan hesaplamalarda akış katsayısı sonuçları ölçüt alınarak kullanılan metotlar kıyaslanmıştır. Olay odaklı hesaplamaların anormal değer üretme ve taban akışı indeksi ile uyumlu sonuçlar verme yönleri ile zaman odaklı hesaplamalara göre üstün olduğu saptanmıştır.
Akış katsayılarının periyodik, mevsimlik değişimleri zaman serisi modelleri ile araştırılmıştır. Mevsimlik olan ve olmayan ARIMA modelleri, eksponansiyel yumuşatma zaman serisi modelleri ve sezonluk bileşenleri ayırma yöntemleri kullanılmuştır. Akış katsayısının mevsimlik davranışının modellenmesinde zaman serisinin stasyoner kısmı ile R karesi en yüksek model araştırılmıştır. Uygun modelin serinin mevsimlik davranışı hakkında en doğru fikri vereceği düşünülmüştür. Çalışma kapsamında hesaplanan aylık akış katsayıları için en uygun modellerin ARIMA modellerine göre daha esnek olan eksponansiyel yumuşatma modelleri olduğu saptanmıştır.

Bütün havzalarda sezonluk bileşenin varlığını kabul eden modeller başarılı tahminler yapmışlardır. Akış katsayılarının yıl içinde önemli dalgalanmalar yaptığı tespit edilmiştir. Bu dalgalanmalar yağış akış olayının büyüklüğüne bağlı olduğu gibi mevsimlik faktörlere de bağlıdır. Akış katsayısı değişim aralığının büyük olduğu havzalarda aylık değişimler göz önünde bulundurulmalıdır.

SUMMARY

Runoff coefficient depends on many interconnected factors such as; rainfall intensity, areal and sesonal distrubution of rainfall, infiltration rate, soil type, urbanization, irrigation, domestic water basin transfers, artificial underground water supply and water accumulation structures, basin parmeters (slope, area..,etc.).

There are two common approaches in determining runoff coefficient. These are data based calculations and using proper tables that are prepared for that region. Usually runoff coefficents taken directly from tables or tables could be used in search process. Frequently, tables that had been calculated in a region is generalized and used by other regional researches. Using a geologicaly non proper table causes mistakes. In this study a practical and regional table has been prepared using logistic regression approach. The table reflects the dynamic change-ability of runoff coefficients. The logistic regression model is found to be succesful to estimate the small values but inadequate to estimate big values of runoff coefficients. The big values that is greater than 0.5 is very rarely encountered and this is thought to be the main reason of inadequate estimates. If longer data is used this stuation should be solved.

In all data based calculations, a simple or complicated rainfall runoff model is used. The approvement of the model depends on estimated parameters scarcity and success. Estimated parameters are important to reflect the physical reality of watershed system variables.

The expanse of a watershed means; more complicated interrelations and increased impact of time dependence in system parameters, such as, lag time, concentration time, response time. To fix this, multivariable regression models and sensitivity analysis in artifical neural networks have been used and lag time shifts were performed before calculating areal rainfal.

Stepwise and backward regression models are used. To derive data sets that will be used in regression models, correlograms of outflow flow rate and point rainfall depths have been used. Points that the change of correlation is below 5% is determined. These points are the treshold values of data derivations. In derivation process, the point rainfall values of precipitation stations are used if the Thiessen polygon of the station is within the boundaries of basin area. Derivated *t-n* day long new series are used as independent variables and outflow runoff is used as dependent variables in stepwise, backward and neural network models. Multicolinearity diagnoses have been used in regression models and variables that have significant colinearity to others are led out of regression models. T statistics and coefficients of regression equations are used to determine the strength of association between dependent and independent variables. In neural networks models the biggest estimated R squares between dependent and independent variables are used to determine the proper neural network architechture. Independent variable importance anlaysis have been done 15 times over the final model architechture, because of the randomness of values assigned by neural network models. Final independent variable importance coefficients have been found by taking the overall average.
The concept of time based runoff coefficient is used if the calculations are made in certain time intervals (e.g: annual, monthly,...etc). If the calculations are driven by hydrograph separation techniques and depends on rainfall and response runoff hydrograph, that time the event based runoff coefficient concept is used. In the event based calculation procedure, continues or at least hourly data is needed and in many watersheds, hourly data is unattainable. Due to this fact, in study, common event based runoff coefficient approach is adapted to daily data. Base flow separations from daily hydrograph is done by using continous hydrograph analysis techniques. Two main criterian is used to determine "*the events*" that will

be used in event based runoff coefficient calculations. These are; the peak flow was assumed to be the peak flow of a potential event if the ratio of direct flow to baseflow at peak time is greater than two and events are near the peak flows. Due to these criterias the scale of event had been taken as a criterian parameter of events. In study 516 events were determined by using an iteration approach. In determination process a restriction time interval is used to find the beginning and end points of events. The inflection points are used to determine the restriction time intervals. Inflection points are defined as *"the days that all the runoff volume in a river, comes from baseflows"* by United Kingdom Instute of Hydrology.
Runoff coefficients are calculated as the proportion of runoff and rainfall depths. Because of this, calculated coefficients are dependent to areal rainfall and runoff depth, calculation procedure. In runoff depth calculation especially in small watersheds the usage of constant watershed doesn't affect the results of runoff coefficient calculations. But in large watersheds -that has already proofed in this study- using constant area affects the results in a reducing way. A new concept named effective drainage area is used at calculations of runoff depth stage. Effective drainage area is contributing area of rainfall to basin outflow runoff, in a time interval. Efficiency of using constant or affective drainage area is compared at runoff coefficient calculations and using effective drainage areas is found to be more succesful in correcting the small values of runoff coefficient results.
In study, three methods are used to calculate areal rainfall depth. These are Thiessen method, Revised Thiessen Method and Areal Reduction Factors. Classic thiessen method has a so common usage in literature due to its simplicity and practicality. Some improvements have been made to resolve some lacks of classic thiessen method and this new method is called revised thiessen method. Names of areal rainfall calculation methods are used as the names of runoff coefficient calculations methods.

The runoff coefficients couldn't be measured or observed so a second degree verification process is used to test the output of different calculation methods. In this verification process the acceptable value range of runoff coefficient and relationship between base flow indices and runoff coefficients are used. Base flow indices are dimensionlessquantities that indicate the proportion of baseflow amount to total runoff. Runoff coefficients are dimensionlessquantities that indicate the proportion of rainfall to runoff. The values of these two quantities change between 0 and 1. In study the mathematical relationship between runoff coefficient and baseflow indices are examined and the harmony of these dimensionlessquantities has been prooven.

When compared three methods each other, the revised thiessen method found to be successful. It is advised to use revised thiessen method to calculate runoff coefficient whether time based or event based approaches used, especially in large watersheds. In the study, the event based approach to calculate runoff coefficients has been found superior due to fewness of abnormal results and better harmony of results to base flow indices.

The periodicity and seasonal variation of runoff coefficients are investigated, by using time series models and seasonal decomposition process. The sasonal and non seasonal ARIMA models and exponancial smoothing time series models have been used. To understand the periodicity of runoff coefficients the proper time series model is assumed as a key factor. The proper model has been choosen by using stationary R square. In study the exponancial smoothing models are found superior to ARIMA models due to their statistical flexibility. all models that have been used in different basins have seasonal smoothing coefficients.The seasonal factors have been found very effective-especially in summers- in determining the value and general behavior of runoff coefficients. Seasonal factors and monthly varition of runoff coefficients must be taken into consideration particularly the variation range of runoff coefficient is in a big scale.

1.GİRİŞ

1.1 Literatür Özeti

Akış katsayısı havzanın yağış- akış davranışını, havza su verimini, pik debi tahmini değerlerini, belirlemede geniş kullanımı olan boyutsuz bir katsayıdır. Akış katsayısı toplam akış yüksekliğinin yağış yüksekliğine oranı olarak tanımlandığı gibi (Savenije, 1996; McNamara ve diğ, 1998; Bayazıt, 1999; Burch ve diğ, 1987; Iroumé ve diğ, 2005), toplam dolaysız akış yüksekliğinin toplam yağış yüksekliğine oranı olarak da tanımlabilmektedir (Hewlett ve Hibbert, 1967; Woodruff ve Hewlett, 1970; Van Dijk ve diğ., 2005).

Bir akarsu havzasının çıkış noktasından belli bir süre içinde geçen akış miktarına akış yüksekliği denmektedir (Bayazıt, 1999). Akış yüksekliği akış hacminin yağış alanına bölünmesi ile bulunur (Vlčková ve diğ., 2009; Soukup, 1987). Bayazıt (1999) yıllık hesaplamalarda yağış alanı olarak sabit drenaj alanı kullanmanın hesaplamaları etkilemeyeceği belirtmektedir.

Akış katsıyısının tanımı ve isimlendirmesinde tam bir mutabakat yoktur. Brown ve diğ. (1999) çalışmalarında paydadaki yağış yüksekliği yerine kesintisiz yağış yüksekliğini kullanarak akış katsayısı hesaplamışlardır. Farklı tanımlamalardan yola çıkılarak bulunan akış katsayılarına literatürde; Havzanın Tepki Katsayısı (Hewlett ve Hibbert, 1967), Hidrolojik Tepki Katsayısı (Woodruff ve Hewlett, 1970), Akış Oranı (McNamara ve diğ, 1998), Yıllık Akış Katsayısı (Savenije, 1996; Van Dijk ve diğ., 2005) gibi pek çok isim verilegelmektedir. Literatürde Rasyonel metot formülünde yer alan akış katsayısı rasyonel akış katsayısı olarak ifade edilmektedir. Yukarıdaki derlemeden de anlaşıldığı üzere akış katsayısı için birçok tanımlama ve bunlara bağlı hesaplama yöntemi mevcuttur.

Savenije (1996) akış katsayısının nem döngüsünü anlamada anahtar bir role sahip olduğunu belirtmiştir. Akış katsayısını zemin neminin zamanla değişimini izlemede kullanılabilecek anahtar parametre olacabileceğini ve akış katsayısında bir artış var ise bunun zeminin çoraklaşması ve yeşil örtünün kaybolması adına önemli bir gösterge olduğunu vurgulamıştır.

Parida ve diğ. (2006) yarı kurak havzalarda akış katsayısı tahmini yapmak için bir yapay sinir ağıları modeli (YSA) geliştirmişlerdir. Botswana Notware havzasında su bütçesi tekniği üzerine kurdukları modelle 1987-2000 yılları arasında akış katsayısı hesaplamaları yapmışlardır. Kullandıklar YSA modeli ile 2020 yılına kadar akış katsayısı tahminleri yapmışlardır.

Merz ve diğ. (2006) saatlik akış, yağış ve kar erimesi verilerini kullanarak akış katsayıları hesaplamışlardır. 80 ile 10000 km^2 arasında alanlara sahip Avusturalya'da 337 havzada, 50000 yağış akış olayının verileri üzerinde yaptıkları bu çalışmada amaçları, akış katsayısının zamana ve mekâna bağlı değişimini incelemektir. 1989-2001 yılları verileri üzerinde yaptıkları çalışmada akış katsayısının mekana bağlı değişiminin yıllık ortalama yağış yüksekliği ile yüksek fakat zemin toprak cinsi ve arazi kullanımı ile zayıf korelasyon gösterirdiğini tespit etmişlerdir.

Sivapalan ve diğ. (2005) taşkın frekansını kontrol eden etmenlerin anlaşılmasında akış katsayılarının önemli olduğunu vurgulamış ve akış katsayılarını taşkın frekans çalışmalarında kullanmışlardır.

Akış katsayısının alan ile değişimini inceleme adına Cerdan ve diğ. (2004) Fransa'da farklı alanlara sahip havzalarda 345 yağış akış olayını incelemişlerdir. Neticede akış katsayısının havza alanı arttıkça küçüldüğünü tespit etmişlerdir.

Naef (1993) İsveç'te 100 en büyük taşkın olayını incelemiş ve taşkın havza şartları ile akış katsayısı ilişkisinin çok karmaşık olduğunu vurgulamıştır.

"Bunlar birbiri ile ilişkili olmayan rastgele değişkenlerdir" yargısına varmıştır.

Kadıoğlu ve Şen (2001) aylık akış katsayılarının değişimini izlemek için farklı bir metot geliştirmişlerdir. Yağış ve akış yüksekliklerinin grafik eksenine çizilip, dağılıma bir regresyon eğrisi uydurmak yerine ellerindeki verilerden aylar için ortalama yağış ve akış yüksekliklerini hesaplamışlardır. Ardından kartezyen koordinat sistemi üzerinde aylık ortalama yağış ve akış noktalarını işaretleyip bu noktaları birbirini takip eden aylar boyunca birleştirerek poligonal grafikler çizmişlerdir. Ortalama aylık akış katsayısını o ayın ve bir önceki ayın akış katsayılarının aritmetik ortalamalarını alarak belirlemişlerdir. Bu tip bir yaklaşım tarzının nonlineer özellik gösteren yağış- akış sistemini lineerleştiren regresyon eğrisi yöntemine göre daha üstün olduğunu ileri sürmüşlerdir.

Sharma (2000) Hindistan'da Jamnagar bölgesinde 30 yıllık gözlemleri kullanarak yağış-akış ilişkilerini veren regresyon modelleri geliştirmiştir. Kurak koşullar içeren çalışma havzasında akış katsayısını 0.07– 0.29 arasında saptamıştır. Havza büyüdükçe akış katsayısının sızma ve tutulma kayıplarının artışına paralel azalacağını tespit etmiştir.

İstanbulluoğlu ve diğ. (2006), Eğri Numarası Yöntemi (SCS-CN) içerisinde yer alan ve önceki yağış indeksi olarak tanımlanan toprak nem koşulunun yüzey akış miktarına olan etkisini araştırmışlardır. 5-günlük önceki yağış indeksinin kullanıldığı ve kullanılmadığı koşullar için, yüzey akış miktarında aylık bazda çok önemli farklılıklar olmasına rağmen, yıllık bazda istatistikî anlamda bir farkın olmadığını tespit etmişlerdir.

1.2 Akış Katsayısının Tespit Edilmesi

Merz ve diğ. (2006) göre bir coğrafyada akış katsayısını tespit etmede iki yaklaşım tarzı vardır. Bunlar veri odaklı hesaplamalar ve abak (tablo) kullanımı ile yapılan hesaplamalardır. Abak kullanımı ile akış katsayısı doğrudan abaktaki parametrelere bağlı kestirilir veya tablolar ara işlemlerde kullanılarak akış katsayısı kestirimi yapılır. (ör: SCS eğri numaraları yöntemi).Veri odaklı hesaplamalarda ise basit veya karmaşık bir yağış akış modeli ile belli zaman aralıklarında (yıllık, aylık) veya hidrograf analizi ile yağış akış olayları incelenerek akış katsayısı (event based runoff coefficient) hesaplanmaktadır. Kurulacak modelin başarısı fiziksel gerçekliği yansıtmak için içerdiği belirsizliklerin (tahmin edilen parametrelerin) azlığı ve yapılan kabullerin başarısı ölçüsünde artacaktır. Bu çalışmada yıl, ay, hafta gibi belli peryotlarda hesaplanan akış katsayıları için zaman odaklı (ZO), hidrograf analizi ile hesaplanan katsayılar için ise olay odaklı (OO) kavramları kullanılacaktır.

1.2.1 Zaman ve olay odaklı akış katsayıları ve çizelge kullanımı

Belli bir zaman aralığında akış katsayısı hesaplanırken baz alınan süre boyunca akış yağış olayları bir bütün olarak incelenir. Gözlemlerin yetersiz olduğu havzalarda akış katsayıları çoğunlukla bu şekilde hesaplanmaktadır.Pek çok araştırmacı ZO akış katsayısı kullanımının pik debi ve taşkın hesaplamalarında zayıf tahminlere sebep olduğunu tespit etmiştir (French ve diğ., 1974; Hotchkiss ve Provaznik, 1995; Young ve diğ., 2009). Bu yüzden belli bir zaman aralığında cereyan eden yağış akış olaylarına toplu-ca bakmak yerine, hidrograf analizi yapılarak OO akış katsayılarının bulunması son yıllarda yoğun olarak çalışılan bir konu haline gelmiştir.

Akış katsayısını hesaplamak için kurulacak modellerde alansal yağışın tahmini, yağış alan bölgenin tahmini, taban akışı etkisi, gecikme etkisi, zemin nemi etkisi göz önünde bulundurulmalıdır. Özellikle havza alanı büyüdükçe modelleme gittikçe zorlaşmaktadır. Bu yüzden pratik uygulamalarda çoğunlukla akış katsayıları hesaplanmamakta bunun yerine belli çizelgeler yardımı ile kestirilmektedir. Kullanılan çizelgeler mevsim, havza paramatreleri, yağış koşulları gibi farklı değişkenlere göre hazırlanabilmektedir. Mühendislik uygulamaları için hazırlanmış bu tarz çizelgelere abak denmektedir. Literatürde kullanılan pek çok abak ve bu abakların ara işlemlerde kulanıldığı pek çok debi tahmin yöntemi vardır. Çizelge 1.1'de kırsal havzalarda akış katsayısı kestirimi için hazırlanmış iki abak görülmektedir (Abaklar The rational method, ders notlarından derlenmiştir). Gray tarafından hazırlanan abakta akış katsayısı maksimum değeri olan birden, eğime, zemin cinsine ve zeminin işlenmesine göre üç sabit değer çıkararak kestirilmektedir. Gupta'nın hazırladığı abakta ise akış katsayısı; dönüş periyodu, eğim, yüzey örtüsü ve yıllık ortalama yağış yüksekliğine göre artırıp eksilterek kestirilmektedir.

Çizelge 1.1: Kırsal alanlar için hazırlanmış akış katsayısı abakları.

Rasyonel C , Kırsal alanlar		Rasyonel C, Kırsal alanlar	
Faktör	C parçası	Faktör	C parçası
Yüzey örtüsü		Topoğrafya-(Ortalama eğim)	
Çıplak –yalın yüzey	0.40	Yatay. S=0.0002-0.006	-0.30
Otlak-çayır-mera	0.35	Dalgalı. S=0.003-0.004	-0.20
Ekili alan	0.30	Tepeli. S= 0.03-0.05	-0.10
Ağaçlık alan	0.18	Zemin durumu	
Eğim		Sıkı -geçirimsiz toprak	-0.10
<0,05	-0.05	Orta -Kil ve toprak karışımı	-0.20
>0,10	+0.05	Gevşek- kumlu kil	-0.4
Dönüş periyodu		Zemin örtüsü	
< 20 yıl	-0.05	İşlenmiş	-0.10
> 50 yıl	+0.05	Ormanlık	-0.20
Yıllık ortalama yağış yüksekliği			
<24 inç ()	-0.03		
>36 inç ()	+0.03		
Kaynak: Gupta 1989, sy 621		Kaynak: Gray, 1970, sy 85	

Akış katsayısını (varsa) veriler ile hesaplamak yerine hazır abaklar kullanmak pratiklik sağlasa da birkaç açıdan mahsurludur:

- Kullanılan abaklar, geliştiren bilim insanlarınca belli şartlar altında sadece o coğrafyada kullanılabilir olarak nitelenmektedir. Çoğunlukla bu kısıtlar ihmal edilmektedir. Pik debi hesaplamasında yaygın olarak kullanılan SCS Eğri numaraları metodu ABD' de 5 eyalette şehirleşmenin yoğun olduğu havzalarda türetildiği için ASCE/EWRİ (2009) eğri numarası araştırma komitesi tarafından sadece bu coğrafyada kullanılabilir olarak nitelenmektedir. ABD'nin sadece 5 eyaleti için kullanılabilir kısıtı konulan bu yöntem çok yaygın olarak pek çok coğrafyada kullanılmaktadır.

- Abaklarda çoğunlukla eğim, yükseklik, zemin cinsi gibi uzun sürede değişmez kabul edilen değerlere bağlı olarak kestirimler yapılmaktadır. Bu durumda ise akış katsayısının değişkenliği gözardı edilmektedir. Akış katsayısı olaydan olaya ve mevsime göre değişkenlik arz etmektedir.

1.2.2 Ülkemizde akış katsayısının tespiti

Akış katsayısı rasyonel metot denkleminin anahtar değişkenlerinden biri olduğu için bu metot ile özdeşleşmiştir. Küçük havzalarda pik debi hesaplamalarında Rasyonel metot kullanımı çok yaygındır. Ülkemizde su kaynakları ve havza yönetiminde etkin kurumlar (DSİ, İSKİ..,vb.) küçük havzalarda debi hesaplarında rasyonel metot kullanmaktadır. DSİ ve İSKİ ile yapılan yazışmalar sonucunda bu kurumların hesaplamalarda kullanıdıkları akış katsayılarının olay odaklı bir yaklaşım tarzı ile hesaplanmadığı tespit edilmiştir. Bu kurumlar rasyonel metot akış katsayısını hazır abaklar yardımı ile bulmaktadırlar. İSKİ ile yapılan görüşmelerde şehir içi çalışmalarda akış katsayısı kestiriminde EK A'da yer alan çizelgelerin kullanıldığı, şehir dışı kırsal havzalarda ise akış katsayısının 0.2 - 0.3 arası bir değer seçildiği öğrenilmiştir.

DSİ, benzeri kurumlar havza su verimi çalışmaları kapsamında akış katsayısı hesaplamalarını sadece yıllık ölçekte yapmaktadır. Ülkemizde birçok araştırmacı su ve havza verimi çalışmaları kapsamında yıllık akış katsayısı hesaplamaları yapmışlardır. Çizelge1.2'de bu çalışmalardan oluşturulmuş derleme görülebilir (derlemedeki bilgiler Göçmen, (2006), yüksek lisans tez çalışmasından alınmıştır). Çizelgedeki değerler incelendiğinde yıllık akış katsayılarının 0.01 ile 0.3 arasında değiştiği görülmektedir.

Çizelge 1.2:Çeşitli su ve havza verimi çalışmalardan derlenmiş ort. yağış ve akış karakteristikleri

Çalışma Yapılan Havza	Çalışılan Yıllar	Uzun Yıllar Ortalamaları ile Bulunmuş			Yayın Yılı Ve Referansı
		Yıllık Ort. Yağış (mm)	Akış Yüksekliği (mm)	Akış Katsayısı	
Samsun Ayvalı Deresi	1980-1995	609.7	38.48	0.028	Törün (1998)
Konya-Çifliközü Karabalçık Deresi	1979–1998	466.4	62.9	0.135	Demiryürek ve ark. (1999)
Balıkesir Bigadiç Kocatepe	1987–1997	536	47.98	0.090	Aykanlı (2000)
Edirne Merkez Kumdere	1985-1999	609.6	21.3	0.035	Bakanoğulları ve Akbay (2000a)
Kırklareli Vize Deresi	1985-1999	535.5	6.62	0.012	Bakanoğulları ve Akbay (2000b)
Çankırı-Sabanözü Mahmuthacılı Deresi	-	400.5	90	0.225	Demirkıran ve Denli (2000)
Adıyaman-Kahta Harabe Deresi	1985–1999	612.9	184.09	0.300	Kaya (2000)
Bilecik-Pazaryeri Kurukavak Deresi	-	705.7	137.35	0.195	Karas (2000)
İçel-Tarsus Topçu		688.1	59.16	0.086	Kuşvuran ve Canbolat (2000)
Yozgat-Sorgun İkikara	1990–1999	434.4	34.58	0.080	Oğuz ve Balçın (2000)
Ankara-Haymana Çatalkaya Deresi	1994–1999	430.3	43.81	0.102	Tekeli ve Babayigit (2000)
Çanakkale-Bayramiç Eğridere	1991–2000	719.5	104.68	0.145	Aykanlı ve diğ. (2001)
Vize Deresi	1985-1999	535.5	6.62	0.012	Bakanoğulları ve Baran (2002)
İstanbul-Çatalca Damlıca Deresi	1982-2002	687.6	54.2	0.079	Bakanoğulları ve Akbay (2002)
Şanlıurfa Kızlar Deresi	1982–2001	428.1	18.85	0.044	Kaya ve Helaloglu (2002)
Samsun Minöz Deresi	1994–1998	428.1	18.85	0.044	Madenoglu (2002)
Tokat-Zile Akdogan Deresi	1987–2002	552.9	35.92	0.065	Oğuz ve Balçın (2002)
Ankara-Yenimahalle güvenç Deresi	1987-2001	496.4	119.32	0.240	Tekeli ve Babayigit (2002)
Erzurum-Ilıca Sinirbası Deresi	1998–2002	325	101.3	0.312	Bakır ve diğ. (2003)
Tokat Uğrak	1978–2002	483.6	55.64	0.115	Oğuz ve Balçın (2003)

1.3 Büyük Havzalarda Akış Katsayısı Hesapları ve Havza Alanı Faktörü

Akış katsayısı, akış yüksekliğinin yağış yüksekliğine oranı olarak tanımlanan boyutsuz bir büyüklüktür. Yüzeysel akışını aynı çıkış noktasına gönderen sistem olarak tanımlanan drenaj havzası (Bayazıt, 1999) akış katsayısı hesaplamalarının temel dinamiğidir. Havza, çıkış noktasına göre tanımlanmaktadır. Ülkemiz ve benzer pekçok ülkede kırsal alanlarda debi ölçümleri seyrek yapıldığı için, çıkış noktasına bağlı olarak tanımlanan havzaların alanları büyük olmaktadır.

Akış katsayısı hesaplanırken çıkış noktası debi ölçümleri akış yüksekliğinin hesaplanmasında kullanılmakta, noktasal yağış gözlemleri havza alanına dağıtılmaktadır. Akış yüksekliği gözlenen bir büyüklük değildir. Literatürde akış yüksekliği gözlenerek yapılmış akış katsayısı hesaplamaları vardır (ör: Chua ve diğ., 2010). Fakat bu çalışmalar sadece deneysel küçük havzalarda yapılabilmektedir ve oldukça masraflıdır. Havza alanı büyüdükçe gözlem istasyonlarının yoğunluğunun yetersiz kalması ve tek istasyonun havza davranışını betimleyememesi alansal yağışın ve akış yüksekliğinin belli basitleştirici kabüller altında hesaplanmasını mecburi kılmaktadır.

1.4 Akış Katsayısının Sınır Değerleri ve Kestirilen Değeri

En bilinen haliyle akış katsayısı (C) ;

$$C = \frac{\text{Akış yüksekliği}}{\text{Yağış yüksekliği}} \qquad \textbf{(1.1)}$$

şeklinde tanımlanmaktadır. Denklem 1.1'e göre fiziksel anlamlılık içinde akış katsayısı değerleri 0 ile 1 arasında değişmelidir. Bayazıt (1999) akış katsayısının değerinin genellikle 0.05 ile 0.5 arasında değiştiğini söylemiştir. Burada ki genellemenin kırsal havzalar için yapıldığı unutulmamalıdır. Yüzey beton ile kaplı ise akış katsayısı beklenen bir değer olarak bire doğru yaklaşacaktır. Çalışma yapılan havzaya göre akış katsayısının beklenen bir değeri olabilir. Fakat akış katsayısının hem zamana hem de yağış akış olayına göre değişkenlik gösterdiği unutulmamalıdır.

Kırsal havzalar için ise akış katsayısı hesaplamaları çoğunlukla yıllık ölçekte yapılmaktadır. Yıl altı zaman dilimlerinde yapılan ZO akış katsayısı hesaplamalarında değerin biri aştığı durumlarla karşılaşılabilmektedir. Yağışa ek olarak debiye etkiyen kar erimesi, dolu yağışı gibi sebepler çoğu zaman kısa süreli akış katsayısı hesaplarında birden büyük değerlere sebep olabilmektedir. Bu durumun bir başka açıklaması ise, özellikle büyük havzalarda, farklı alt havza bölgelerindeki yağışların çıkış noktasına farklı zamanlarda ulaşmalarıdır (Kadıoğlu ve Şen, 2001). Bu yüzden büyük havzalarda çalışılırken, havzanın farklı bölümlerine düşen yağışın doğru hesaplanması ve çıkış noktasındaki gecikmeli etkisinin akış yüksekliğini hesaplama esnasında gözetilmesi önem kazanmaktadır.

1.5 Çalışmanın Amacı ve Motivasyonu

Türkiye'de meteorolojik ölçümler Devlet Su İşleri Genel Müdürlüğü (DSİ) ve Devlet Meteoroloji İşleri Genel Müdürlüğü (DMİ) tarafından yapılmaktadır. DMİ; sinoptik, büyük klima, küçük klima ve yağış istasyonu tipinde olmak üzere toplam 451 meteorolojik istasyonla, DSİ ise 452 meteorolojik istasyonla gözlem yapmaktadır (Çiçekli ve diğ., 2009). Ülkemizde 864 km^2'ye bir istasyon düşmektedir. Ayrıca gözlem istasyonları genellikle yerleşkelerin yakınına kurulmuştur. Akım gözlem istasyonlarının sıklığı ve dağılışı da benzer özellik göstermektedir. Dolayısı ile kırsal alanlarda hem akarsu hem meteroloji gözlem istasyonları seyrek yoğunlukta ve gözlem değerleri uzun zaman aralıklarındadır.

Bu durumun doğal bir sonucu olarak büyük havzalarda akış katsayısı hesaplamaları ya yıllık ölçekte yapılmakta veya abaklardan kabaca kestirilmektedir. Kullanılan abakların ise kullanıldıkları havzalara uygunluğu bilinmemektedir.

Ayrıca gerek abak kullanımı gerekse yıllık ölçekte yapılan hesaplamalar mevsimlik ve olay odaklı değişimleri yansıtamamaktadır. Bu durum akış katsayısının kullanıldığı projeler adına kaynak israfı veya risk faktörleri doğurabilmektedir. Bu çalışmaya bu eksikliğin giderilmesi adına başlanmıştır.

Büyük havzalardazayıf gözlem şartlarında akış katsayısının nasıl hesaplanacağı, eldeki yetersiz verilere uygun bir modelin nasıl geliştirileceği, akış katsayısının aylık- mevsimlik değişiminin nasıl olacağı, çalışılan havzalar için uygun bir abağın yapılıp yapılamayacağı, akış katsayılarının hangi parametrelerle ilişkisinin denkleme dökülebileceği, konuları çalışmanın içeriğini oluşturmuştur.

Çalışmada birden fazla alansal yağış hesaplama metodu kullanılmıştır. Klasik Thiessen metodu üzerinde değişiklik yapılarak Revize Edilmiş Thiessen metodu adı ile yeni bir alansal yağış metodu türetilmiştir. Ayrıca ülkemizde alansal yağışın hesaplanmasında sık kullanılmayan bir yöntem olan alansal azaltma faktörleri kullanılarak alansal yağış hesaplanmış ve üç metot akış katsayısı hesaplamaları üzerinden kıyaslanmıştır.

Akış katsayısı hesaplamalarında alansal yağış bulunurken yağış istasyonlarının çıkış noktasına göre gecikme zamanları gözetilmiştir. Bu süreler belirlenirken hassaslık (sensitivity) analizleri uygulanması alansal yağışın bulunmasında farklı bir yaklaşım tarzıdır.

Ayrıca akış yüksekliğinin hesaplanmasında sabit drenaj alanı yerine etkin drenaj alanı kullanımı yeni bir yaklaşım olarak önerilmiştir.

Bu çalışma, son yıllarda literatürde sıkça bahsedilen fakat ülkemizde şu ana kadar fazlaca çalışılmamış bir konu olan olay odaklı akış katsayılarının (event based runoff coefficient) hesaplanması ve günlük verilere uyarlanması açısından yeni ve öncü bir çalışmadır.

Akış katsayılarının mevsimlik değişimlerinin zaman serisi modelleri ile incelenmesi uluslararası literatür açısından yenilik içermektedir.

Çalışmada, akış katsayıları kullanılarak yapay sinir ağları ile debi tahmini yapılması yeni bir yaklaşım tarzıdır. Bu tahminler aynı zamanda hesaplanan akış katsayılarının doğruluğu hakkında fikir vermektedir.

Havzalarda hesaplanan akış katsayıları ile pratik kullanıma dönük bir abak hazırlanmıştır. Bu abak hazırlanırken lojistik regresyon yönteminin kullanılması uluslararası literatür açısından yenilik içermektedir.

1.6 Çalışmada Kullanılan Yöntemler ve Yapılan Kabüller

Çalışmada yağış akış ilişkisine bağlı olarak akış katsayısı hesaplamaları yapılmıştır. Hesaplamalar yapılırken havzalar için, kapalı kutu (black box) modeli kullanılmıştır. Bu tür modellerde havzada yer alan olaylar ayrıntılı olarak incelenmeyip havzaya yağışı akışa çeviren kapalı bir kutu gözüyle bakılır. Sistem davranışının (dönüşüm fonksiyonunun) o havzada gözlenmiş olan yağış ve akış kayıtlarına dayanılarak belirlenmesine çalışılır. Bu tip modeller gerçek durumu tam olarak yansıtmasalar da çok daha basittirler (Bayazıt, 1998). Bu model yaklaşımının anlaşılabilmesi için sistem kavramının tanımına ihtiyaç vardır. Sistem, bir veya birden çok girdiden bir veya birden çok çıktıyı meydana getiren, birbiri ile ilişkili elemanların tümünün oluşturduğu yapıya denir. Sistem, girdiler, sitem davranışı ve çıktılardan oluşur. Sistem yaklaşımındaki amaç bu üç faktörden bilinen ikisini kullanarak bilinmeyen üçüncüye ulaşmaktır. Sistem yaklaşımında önemli olan husus, sistemin detaylı bir şekilde tanımlanması değil, belirli girdilere verdiği tepkilerin bulunmasıdır (Ulukaya, 2011).

Hesaplamalar yapılırken, havzanın yeraltı suyu beslemesi almadığı ve havza dışına yer altı suyu beslemesi yapmadığı kabulleri yapılmıştır. Yaptığımız kabul gözlemlerle desteklenmektedir. 1801 nolu havza civarında, 2005 yılında yapılması planlanan hidro elektrik santrali çevre etki değerlendirme raporunda, havzanın dış havzalardan yer altı suyu beslemesi almadığı belirtilmektedir (ÇED, 2005).

Hesaplanan alansal yağışın ve akış yüksekliğinin havza alanında homojen dağıldığı kabülü yapılmıştır. Ayrıca hesaplama yapılan süre boyunca alt havzalarda akış katsayısının havza yüzeyi boyunca ortalama bir değerde sabit olacağı varsayımı yapılmıştır. Gecikme süreleri göz önünde bulundurularak hesaplamalar yapılmış ve hesaplama yapılan süre için yağışın tümünün akışa geçtiği kabülü yapılmıştır. Akış yüksekliği bulunurken yağış alanının hesaplanmasında "*her bir thiessen çokgeni o yağış istasyonun etkin olduğu alandır ve yağış bu alana homejen dağılmaktadır*" kabulü yapılmıştır.

Bölüm 2'de çalışma yapılan havzalar tanıtılmış, coğrafyanın iklimsel büyüklükleri özetlenmiş ve çalışma yapılan verilerin istatistikleri verilmiştir.

Çalışma yapılan havzalar, coğrafi bilgi sistemleri yöntemleri ile incelenmiş, akarsu ağı, havza sınırları ve havza karakteristikleri bölüm 3'de anlatıldığı şekilde bulunmuştur.

Yıllık hesaplamalarda ve küçük havzalarda çalışılırken ihmal edilebilen geçiş süresinin etkisi, gecikme süresi adıyla alansal yağışın hesaplanmasından önce hesaplamalara katılmıştır. Böylelikle büyük havzalarda farklı alt havzalardan farklı sürelerde çıkış noktasına ulaşan tabaka akışların etkisi hesaplamalara yansıtılmış olmaktadır. Bölüm 4'de kullanılan yöntemler ayrıntılı anlatılmıştır.

Alansal yağış üç farklı metotla, çalışılan zaman dilimleri için ortalama değerler halinde hesaplanmıştır. A.B.D' de bazı havzalarda kullanılmak için geliştirilmiş bir yöntem çalışmada uygulanmış ve her havza için alansal azaltma faktörleri (AAF) hesaplanmıştır. Ayrıca klasik Thiessen metodu revize edilerek yeni bir metot türetilmiştir. Bölüm 5'de kullanılan metotlar anlatılmakta ve karşılaştırılmaktadır.

Hesaplamalarda bulunan farklı metotlarla bulunan akış katsayılarının doğruluğu, dolayısı ile kullanılan metodun performansı birkaç kıstas ile değerlendirilmiştir. Bu kıstaslardan biri olan "*taban akışı indeksi ile uyum*" bölüm 6'da tanımlanmış, taban akışı indeksinin bulunuşu detaylıca anlatılmıştır.

Ülkemizde yıllık akış katsayısı hesaplanırken akış yüksekliklerinin bulunmasında sabit havza alanı kullanılmaktadır. Çalışmada sabit havza alanı kullanımı yerine etkin drenaj alanı (EDA) kullanılması önerilmiştir. EDA yağışa katkı sağlayan havza alanı olarak tanımlanmıştır. Bölüm 7'de akış yüksekliğinin hesaplanması ve hesaplamalarda sabit alan ve EDA kullanımının sonuçlara etkisi irdelenmektedir.

Bölüm 8'de ZO akış katsayıları yıllık, aylık ve günlük zaman ölçeklerinde EDA'lar kullanılarak hesaplanmıştır. Akış katsayıları gözlenememekte veya ölçülememektedir. Üç farklı zaman ölçütünde ZO akış katsayısı hesaplanmış, her ölçekte kullanılan metotların performansı kıyaslanmıştır.

Bölüm 8'de, hesaplanmış olan aylık akış katsayılarının mevsimlik değişimleri incelenmiştir. Akış katsayıları zaman serisi, trend, mevsimlik ve çalkantı bileşenlerine ayrılmıştır. Ayrıca bu bölüm altında aylık katsayılar ARIMA ve eksponansiyel yumuşatma (Exponacial smoothing) zaman serisi modelleri kullanılarak incelenmiştir.

Bölüm 8'de ZO akış katsayıları ile sabit havza alanının ilişkisi incelenmiştir. Ayrıca bu bölümde akış katsayıları günlük değerler halinde bulunmuş ve sonuçlar düzenlenmiştir. Literatürde olmayan bir hesap aralığında akış katsayılarının bulunması, çalışmada kullanılan metotların ve kayıp eşiği değerlerinin doğru seçilip seçelmediğini değerlendirmek maksadı ile yapılmıştır.

Bölüm 9'da olay odaklı (event based) akış katsayısı hesaplamaları günlük verilere uyarlanmıştır. Bu uyarlama ile tekil olaylar yerine yağış akış süreçleri incelendiği için olay odaklı ifadesi yerine süreç odaklı akış katsayısı ifadesi kullanılmıştır. Bu başlık altında akış katsayıları üzerinden OO ve ZO akış katsayısı hesaplamaları kıyaslanmıştır. Ayrıca OO bulunan katsayıların doğruluğunu test etmek için YSA tahminlerinde ve regresyonla debi tahmini yapılmıştır.

Bölüm 9'da, bulunan OO akış katsayıları ile seyhan ve ceyhan havzalarında kullanılabilecek bir abak oluşturulmuştur. Abak oluşturulurken yöntem olarak, kümeleme analizinde esnek çözümler sunabilen lojistik regresyon yöntemi kullanılmıştır. Yapılan çalışmada hidrolojik modelin kurulum aşamaları ve kitap bölümlerinin genel gidişi şekil 1.1'de görülmektedir.

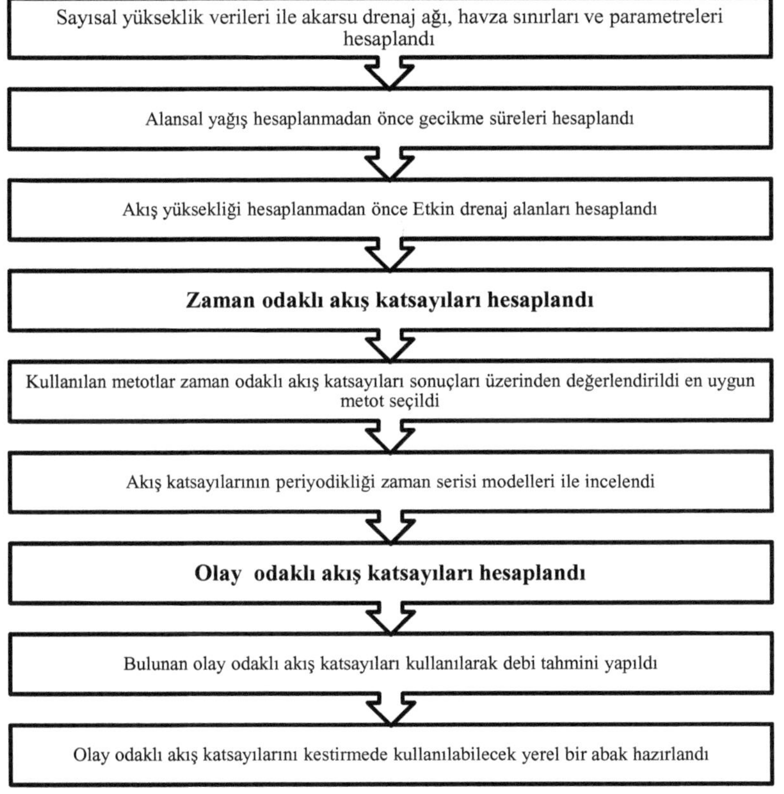

Şekil 1.1: Çalışmanın genel akış şeması.

2. ÇALIŞMADA KULLANILAN MATERYAL

2.1 Çalışma Alanının Coğrafi Konumu ve Özellikleri

Akış katsayısı hesaplaması yapılan alt havzalar, kuzey Seyhan havzası ile bu havzalara bitişik orta Ceyhan havzalarında yer almaktadır. Çalışılan alt havzaların haritadaki yerleri şekil 2.1'de görülebilir.

Seyhan havzası Çukurova'dan kuzeye doğru kama biçiminde uzanan Seyhan havzasının yukarı bölümü İç Anadolu, orta ve aşağı bölümü Akdeniz bölgesinde yer alır. Seyhan Nehri ile Göksu ve Zamantı kollarının su toplama alanlarını içine alır. 36° 33′ - 39° 12′ Kuzey ve 34° 24′ - 36° 56′ doğu enlem ve boylam dereceleri arasındadır. Havza 2.106.304 hektar genişlikte olup, Türkiye'nin % 2.7'sidir.Havza, batıdan Kızılırmak, Konya, Doğu Akdeniz; doğudan Ceyhan ve Fırat havzalarıyla komşudur. Torosların kuzeydoğu yönlü ve 2-3 sıra halindeki uzantıları büyük kısmıyla havza içinde kalır. Göksu ve Zamantı kollarının arasındaki ana sırtların doğu ve batısındaki ikincil sırtlar havzayı diğer havzalardan ayırır. Doğu'da Uzunyayla'dan güneye doğru sıralanan Tahtalı, Binboğa, Toklu, Tekeç Dağları, Ceyhan havzası ile arasındaki sınırı oluşturur. Batıdaki Sarıçiçek, Hınzır, Koramaz, Turasan, Pozantı ve Bolkar Dağları ise alanı Kızılırmak, Konya ve Doğu Akdeniz havzalarından ayırır (Topraksu, 1974).

Ceyhan havzası batıdan Seyhan, kuzey ve doğudan Fırat, güneyden Asi havzalarıyla komsudur. 36° 33′ - 38° 44′ kuzey ve 35° 15′ - 37° 43′ doğu enlem ve boylam dereceleri arasında kalır. Toklu, Dibek ve Binboğa Dağları'nın sırt ve oruklarından geçen su bölümü çizgisi, havzayı Seyhan havzasından ayırır. Fırat havzasıyla arada, kuzeyde Hezanlı, doğuda Keklicek,

Nurhak ve Bozdağları yer alır. Ceyhan - Asi havzaları arasındaki su bölümü çizgisi üzerinde ise Kösürük, KartalDağları vardır. Havzayı güneyden kısmen İskenderun Körfezi kuşatır (Topraksu, 1973).Ceyhan nehrinin uzunluğu 509 km'dir. Başlıca kolları; Söğütlü, Hurman, Göksun, Mağara Gözü, Fırnız, Tekir, Körsulu ve Aksu çaylarıdır. İskenderun Körfezinden İç Anadolu'ya doğru kama şeklinde girmiş bulunan havza sarp dağlık araziler ve geniş alüvyal tabanlardan oluşmuştur. Havzanın suları Ceyhan ırmağında toplanır ve Karataş yakınında Akdeniz'e dökülür. Havza 2193195 hektardır ve Türkiye yüzölçümünün % 2.81'idir (Topraksu, 1973).

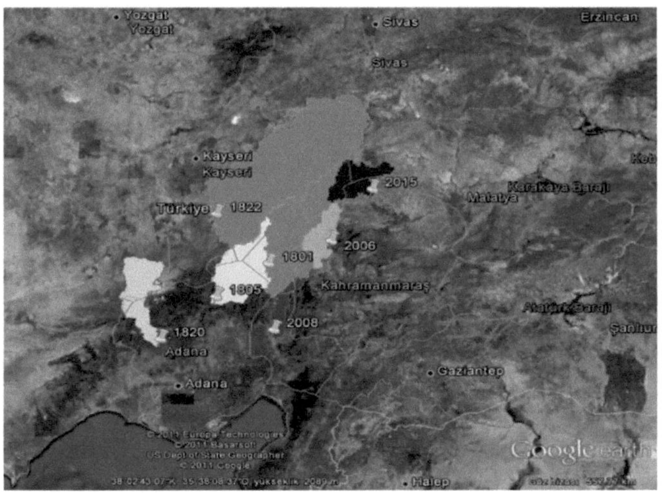

Şekil 2.1: Çalışma yapılan havzalar ve havza çıkış noktaları.

Çalışma yapılan coğrafya ile ilgili iklim ve zemin yapısı ile ilgili bilgiler 2005 yılında yapımı planlanan Himmetli-Yamanlı Hidro elektrik santrali (HES) su yapısına ait Çevresel Etki Değerlendirme (ÇED) raporundan alınmıştır. Himmetli regülâtörü ve HES inşa edilecek bölge 1801 nolu AGİ civarındadır. ÇED raporunda kullanılan meterolojik veriler DMİ'ye bağlı Göksun meteoroloji istasyonu rasat kayıtlarından derlenmiştir. Akış katsayısı hesaplaması yapılan süre zarfında (1973-2000) bu istasyonda akış verilerini etkileyebilecek herhangi bir su yapısı yoktur. Çizelge 2.1'de çalışılan havzaların hangi il-ilçe sınırlarında kaldığı görülmektedir.

Çizelge 2.1: Çalışma yapılan havzalar ve il, ilçe sınırları.

Havza kodu	Su ve istasyon adı	Alanı (km^2)	Coğrafi Koordinatlar (° ' ")		İçinde kaldığı iller-(ilçeler)
			Doğu	Kuzey	
1801	Göksu-Himmetli köyü	2432	36.03.02	37.51.59	Adana (Kozan, Saimbeyli, Tufanbeyli), Kayseri (Sarız), Kahramanmaraş-(Göksun)
1805	Göksu-Gökdere mevkii (Marangeçili köyü)	4210	35.36.52	37.37.07	Adana(Kozan,Feke, Saimbeyli, Tufanbeyli), Kahramanmaraş (Göksun), Kayseri (Sarız)
1820	Körkün suyu-Hacılı köprüsü	1424	35.09.17	37.17.44	Adana-(Karaisalı, pozantı), Niğde(Çamardı)
1822	Zamanti nehri- Fraktin	6641	35.37.35	38.14.45	Kayseri-(Develi, Tomarza,Bünyan,Pınarbaşı, Talas)
2006	Göksun nehri- karaahmet	767	36.34.11	38.01.55	Kahramanmaraş (Göksun), Kayseri (Sarız)
2008	Savrun deresi- Kadirli köprüsü	446	36.05.05	37.21.43	Osmaniye (Kadirli, Sumbaş), Adana (Saimbeyli), Kahramanmaraş (Andırın)
2025	Hurman suyu-Tanırgözler üstü	968	36.55.14	38.25.21	Kayseri (Sarız), Kahramanmaraş (Afşin), Sivas (Gürün)

2.2 İnceleme Alanının Jeolojisi

Çalışılan alanında gözlenen çökel kayaçlar, bölgenin zaman zaman kara halinde olduğunu, bazen de derin deniz altında kaldığını, bunun sonucu olarak da değişik jeolojik devirlerde çökelimlerin devam ettiğini göstermektedir. Jura-Kretase yaşlı Köroğlu Tepesi Formasyonuna ait kireçtaşları ile Üst Kretase-Paleosen yaşlı Güzelimköy Formasyonuna ait fliş karakterindeki (kumtaşı, kumlu kireçtaşı, marn) birimler yer almaktadır. Arazi çalışmaları ve değerlendirmelere göre özellikle yağışlı mevsimlerde boşalımlar rezervuarın içine doğru olmaktadır.(ÇED, 2005)

Genel olarak yeraltısuyu vadilere göre alt kotlarda bulunan akarsuyu beslemektedir. Bölge geneline bakıldığında derin vadilerin bulunması ve akarsu akış hızının yüksek olması alüvyon oluşumunu engellemiştir. Çoğunlukla karstik özellik gösteren, bol kırıklı, bol çatlaklı yapısı ile kireçtaşlı birimler yeraltısuyu ve geçirgenlik açısından verimli özellik göstermektedirler. (ÇED, 2005)

2.3 İncelenen Havzaların Genel İklim Özellikleri

2.3.1 Sıcaklık

1801 Havzası civarında yıllık ortalama sıcaklık 9.1 C^0'dir. En yüksek ortalama sıcaklık Temmuz ayında 21.6 C^0, minimum sıcaklık Ocak ayında – 2.4 C^0 olarak tespit edilmiştir. Ayrıca bölgede görülen ortalama en yüksek sıcaklık Temmuz ayında 29.8 C^0 ve ortalama en düşük sıcaklık değeri ocak ayında -6.8 C^0 olarak tespit edilmiştir (ÇED, 2005). Bölgeye ait sıcaklık normalleri çizelge 2.2'de görülmektedir.

Çizelge 2.2: Aylık sıcaklık değerleri.

Aylar	Sıcaklık (C^o)	Düşük Sıcaklık(C^o)	Yüksek Sıcaklık(C^o)
Ocak	-2.4	-6.8	2.4
Şubat	-1.5	-6.6	4
Mart	2.6	-2.5	8.5
Nisan	8	2.2	13.7
Mayış	13.3	5.8	20.4
Haziran	17.7	8.5	25.2
Temmuz	21.6	11.1	29.8
Ağustos	20.6	10.5	29.7
Eylül	15.7	6.8	25.2
Ekim	10.5	3.3	19.3
Kasım	4	-1.6	11.3
Aralık	-0.7	-4.7	3.9
Yıllık	9.1	2.2	16.1

2.3.2 Rüzgâr

Havzada hâkim rüzgar yönü NE (Kuzey-doğu), en hızlı esen rüzgar hızı ise SSW yönünde 3.9 m/s olarak kaydedilmiştir. Bölgede ortalama fırtınalı günlerin sayısı 10.6 ve yıllık ortalama rüzgâr hızı ise 1.1 m/s'dir (ÇED, 2005). Bölgeye ait rüzgâr değerleri Çizelge B.1'de verilmiştir.

2.3.3 Basınç

Çalışma alanı 10 yıllık basınç değerlerine bakıldığında, yıllık ortalama yerel basınç değerinin 865.6 hPa, en yüksek yerel basınç değerinin 878 hPa, en düşük yerel basınç değerinin 844.7 hPa ve yıllık ortalama buhar basıncı değerinin 8 hPa olduğu görülmektedir (ÇED, 2005). Çalışma alanına ait 10 yıllık ortalama basınç verileri çizelge B.2'de verilmiştir.

2.3.4 Nem

Çalışma alanına ait yıllık ortalama nem % 66 civarlarında seyretmektedir. Bölgeye ait bağıl nem ve ortalama buhar basıncı gözlemlerinin ortalama değerleri çizelge 2.3'de verilmiştir.

Çizelge 2.3: Aylık nem değerleri.

Aylar	Ortalama Bağıl Nem (%)	En Düşük Bağıl Nem (%)
Ocak	10,0	10,0
Şubat	78,0	24,0
Mart	73,0	22,0
Nisan	70,0	10,0
Mayıs	69,0	8,0
Haziran	64,0	15,0
Temmuz	56,0	16,0
Ağustos	52,0	9,0
Eylül	56,0	8,0
Ekim	61,0	6,0
Kasım	66,0	8,0
Aralık	73,0	14,0
Yıllık	79,0	22,0

2.3.5 Buharlaşma

Buharlaşma miktarı doğrudan aletlerle ölçülür (Pan vb.) veya deneye dayalıformüller kullanılarak hesaplanır. Don mevsimi boyunca buharlaşma ölçüm aletlerinin kullanılamaması nedeniyle, bu mevsimdeki buharlaşma miktarlarının bulunmasında deneysel formüllerden faydalanılmıştır.

Çok sayıda deneysel formül bulunmasına rağmen, en çok kullanılan yöntemler; Penman, Thornwait ,Blaney-Criddle formülleridir. Bu çalışmada ölçüm yapılan aylar için Devlet meteroloji işleri (DMİ) ölçüm istasyonlarının uzun yıllar (1975-2000) ortalama buharlaşma haritaları ve Thorntwait yöntemi ile hesaplanmış aylık buharlaşma değerleri kullanılacaktır. Şekil 2.2'de buharlaşma ölçümü yapılan aylara ait DMİ'nin uzun dönem haritaları görülebilir.

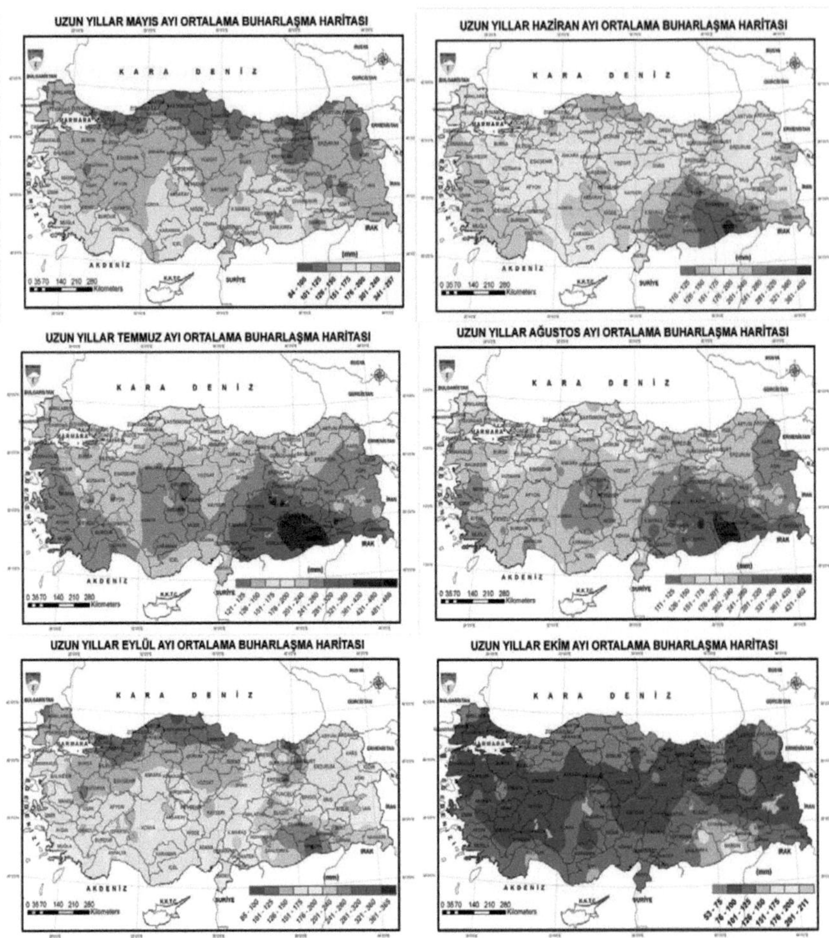

Şekil 2.2: Uzun dönem buharlaşma haritaları (Url-1).

2.3.5.1 Thorntwaite metodu aylık potansiyel buharlaşma değerleri

Çalışmada yüksek hassasiyet derecesinde buharlaşma değerleri gerekmediği için Thorntwaite (1948) formülü tercih edilmiştir. Bu formül kullanımı kolay ve az veri gerektirdiği için liteatürde sık kullanıma sahiptir. Formül denklem 2.1, 2.2 ve 2.3'de ifade edilmektedir.

$$PET = 16\left(\frac{L}{12}\right)\left(\frac{N}{30}\right)\left(\frac{10\,T_{ort}}{I}\right)^{\alpha} \qquad \textbf{(2.1)}$$

$$\alpha = (6.75 * 10^{-7})I^3 - (7.71 * 10^{-5})I^2 + (1.792 * 10^{-2})I + 0.49239 \quad \textbf{(2.2)}$$

$$I = \sum_{i=1}^{12} \left(\frac{T_{ai}}{5}\right)^{1.514} \quad \textbf{(2.3)}$$

Denklemde kullanılan parametreler;

PET : Tahmin edilen potansiyel evapotranspirasyon (cm/ay)

T_{ort} : Hesaplama yapılan ayda ortalama günlük sıcaklık değeri (C°), sıcaklık negatif ise sıfır değeri alınıyor.

N : Hesaplama yapılan ayda gün sayısı

L : Hesaplama yapılan ayda ortalama gün uzunluğu (saat)

I : Isı indeksi

T_{ai} : 12 aylık ortalama sıcaklık değeri

şeklindedir. Çalışılan bölge için Thonrtwait metodu ile hesaplanmış aylık potansiyel buharlaşma değerleri ve DMİ gözlem haritalarından okunan üst sınırlar çizelge 2.4'de görülebilir.

Çizelge 2.4: Uzun dönem aylık ortalama buharlaşma değerleri.

	Hesaplanan değer (mm)	Gözlenen değer min (mm)	Gözlenen değer maks (mm)
Ocak	45	---	---
Şubat	46	---	---
Mart	76	---	---
Nisan	93	---	---
Mayıs	118	126	175
Haziran	162	176	240
Temmuz	175	240	280
Ağustos	165	202	280
Eylül	112	151	175
Ekim	90	76	100
Kasım	64	---	---
Aralık	46	---	---

2.4 İncelenen havzalarda tarımsal üretim ve orman alanları

Tarımsal üretime dair alan dağılımı 1995 yılına ait Türkiye istatistik kurumu (TÜİK) raporlarından derlenmiştir. Tarım alanlarının % 60'ı tahıl alanları ve bitkisel ürünlerdir. Tarım alanlarının % 36'sı ise nadas, %4'ü sebze ve meyve üretimi yapılan alanlardır. Çizelge C.1'de çalışılan havzaların bulunduğu ilçelere göre tarım alanlarının alansal dağılımı verilmektedir.

2.5 Çalışmada kullanılan veriler

Çizelge 2.5'de akış katsayısı hesaplaması yapılan havzaların çıkış noktası akım gözlem istasyonları ve çalışmada kullanılan verilerin istatistiği görülmektedir. Çalışılan nehirler çalışma boyunca kurumamıştır ve herhangi bir su yapısından etkilenmemiştir. İncelenen havzalar civarında DMİ yağış gözlem istasyonlarının (YGİ) günlük toplam yağış yüksekliği verileri ile çalışılmıştır. Çizelge 2.6'da kullanılan YGİ verilerinin detay bilgileri mevcuttur. Şekil 5.1 de YGİ'lerin havzalara göre yerleri Thiessen poligonu üstünde incelenebilir. 2015 numaralı AGİ 1995 yılında 175 metre mansaba taşınmıştır. Bu yüzden 2015 ve 2025 numaralı AGİ verileri birbirine eklenerek çalışılmıştır.

Çizelge 2.5: Çalışmada kullanılan AGİ verileri.

İst. Kodu	İstasyon Adı	Verilerin Gözlem Süresi	Veri Sayısı	Ort. Debi (m^3/s)	Drenaj Alanı (km^2)	Utm Enlem	Utm Boylam
1801	Göksu- Himmetli Köyü	1973-2000	10107	29.5	2431.3	37.87	36.06
1805	Göksu- Gökdere Mevkii	1973-1994	7915	60.5	4210.7	37.62	35.61
1820	Körkün Suyu-Hacılı Köprüsü	1973-2000	10104	14.2	1424.4	37.30	35.15
1822	Zamanti Nehri- Fraktin	1973-2000	10118	20.3	6641.8	38.25	35.63
2006	Göksun Nehri- Karaahmet	1973-2000	10118	9.1	769.7	38.03	36.57
2008	Savrun Deresi- Kadirli Köprüsü	1973-1998	9376	8.4	445.6	37.36	36.08
2015	Hurman Suyu-Tanır-Tanır	1973-1996	8657	8.2	967.8	38.42	36.92
2025	Hurman Suyu-Tanır-Gözler Üstü	1995-2002	2540	7.5	967.8	38.42	36.92

Çizelge 2.6: ÇalışmadakullanılanYGİ verileri.

İst. Ko-du	İstasyon Adı	Verilerin Gözlem Süresi	Veri Sayısı	Yağışlı Gün Sayısı	Yağışsız Gün Sayısı	Ort. Yağış Yük (mm)	Maksimum Günlük Yağış (mm)	Utm Enlem	Utm Boylam
17162	Gemerek	1973-2002	10852	3140	7712	37.4	530	39.183	36.067
17193	Nevşehir	1973-2002	10910	3258	7652	38.1	407	38.617	34.700
17196	Kayseri Bölge	1973-2002	10918	3262	7656	36.0	518	38.723	35.487
17248	Ereğli-Konya	1973-2002	10911	2352	8559	37.4	606	37.533	34.050
17250	Niğde	1973-2002	10910	2825	8085	34.6	545	37.967	34.683
17255	K.Maraş	1973-2002	10910	2693	8217	79.9	982	37.600	36.933
17261	Gaziantep	1973-2002	10915	2666	8249	62.5	638	37.059	37.351
17340	Mersin	1973-2002	10908	2023	8885	88.0	1754	36.800	34.633
17351	Adana Bölge	1973-2002	10908	2370	8538	85.0	1255	37.050	35.350
17370	İskenderun	1973-2002	10915	2844	8071	76.8	1323	36.583	36.167
17760	Boğazlıyan	1973-2002	10910	2844	8066	37.0	446	39.200	35.250
17762	Kangal	1973-2002	10880	2858	8022	41.4	488	39.233	37.383
17764	Arapkir	1973-2002	10910	3120	7790	71.4	679	39.050	38.500
17802	Pınarbaşı-Kayseri	1973-2002	10921	3314	7607	37.6	499	38.717	36.400
17835	Ürgüp	1973-2002	10921	2864	8057	40.4	618	38.633	34.917
17836	Develi	1973-2002	10909	2703	8206	40.2	570	38.383	35.500
17837	Tomarza	1973-2002	10921	3015	7906	39.0	410	38.450	35.800
17840	Sarız	1973-2002	10880	3365	7515	46.9	630	38.483	36.500
17866	Göksun	1973-2002	10910	3018	7892	60.3	854	38.017	36.483
17868	Afşin	1973-2002	10910	2534	8376	49.8	561	38.250	36.917
17870	Elbistan	1973-2002	10946	2635	8311	44.3	461	38.200	37.200
17872	Doğanşehir	1973-1997	8444	1434	7010	81.6	852	37.867	38.100
17906	Ulukışla	1973-2002	10914	2580	8334	37.1	560	37.533	34.483
17908	Kozan	1973-2002	10946	2822	8124	90.4	1525	37.450	35.817
17936	Karaisalı	1973-2002	10906	2648	8258	104.0	2310	37.267	35.067
17940	Osmaniye	1973-2002	6118	1132	4986	118.4	1135	37.100	36.250
17958	Erdemli-Alata	1973-2002	10908	1968	8940	88.8	1598	36.483	34.300
17960	Ceyhan	1973-2002	10910	2414	8496	87.3	1250	37.033	35.817
17962	Dörtyol	1973-2002	10910	3091	7819	90.4	1124	36.850	36.217
17964	Islahiye	1973-2002	10946	2727	8219	89.9	1340	37.027	36.636
17979	Yumurtalık	1973-2002	10871	2439	8432	101.0	1673	36.767	35.783
17981	Karatas	1973-2002	10909	2263	8646	103.6	1707	36.567	35.383
17984	Hatay-Antakya	1973-2002	10915	2829	8086	118.1	4321	36.200	36.167
17986	Samandağ	1973-2002	10910	2676	8234	98.9	2450	36.083	35.967

3. COĞRAFİ BİLGİ SİSTEMLERİ

Dünya üzerinde, birçok bölgenin sayısal yükseklik verileri (SYV) eşyükselti eğrili harita biçiminde bulunmaktadır. Eşyükselti eğrili haritalar ve düzensiz noktalarda bulunan yükseklik değerleri, bilgisayar ortamında sayısal dosyalara aktarılmakta, bu dosyalar düzenli grid noktalarına dönüştürülmektedir. Grid noktaları, tüm harita yüzeyini kapsayan kare biçiminde, bulundukları koordinatın yükseklik bilgisini içeren yapılardır. Bu noktaların oluşturduğu harita grid haritası olarak adlandırılmaktadır. Sonuçta, sayısal yükseklik modeli olarak adlandırılan ve yüksekliklerin yatay ve düşey yönde eşit aralıklı bir matris noktaları şeklinde elde edilebildiği bir model oluşturulmaktadır (Venkatachalam ve diğ, 2001).

Elde edilen bu bilgilerin doğruluğu sayısal yükseklik modelinin nitelik ve çözünülürlüğüne bağlıdır ve hidrolojik modellemeler için sayısal yükseklik modeli seçiminde nitelik ve çözünülürlük göz önünde bulundurulmalıdır. Nitelik, yükseklik verilerinin doğruluğunun, çözünülürlük ise verilerin hassaslığının bir göstergesidir (Garbrecht ve Martz, 1999). Douglas(1986) gerçekleştirdiği çalışmasında, sayısal yükseklik modelleri üzerinden havzaların, drenaj ağlarının, sırtların ve diğer hidrolojik tanımlamaların geliştirilmesindeki teknik ayrıntıları vermiştir. Bu teknikler, genellikle raster özellikli veri üzerindeki bir hücre ile ilişkili komşu sekiz hücrenin değerlerini esas alan komşuluk işlemlerine dayalıdır. Raster veri dosyası, grafik özellikli bilgisayar dosyalarından grid formatındaki verileri ifade etmektedir.

Bu çalışmada, sayısal yükseklik verileri üzerinden havza ve alt havza sınırlarının belirlenmesi yanında, su akış yönlerinin ve akış toplanma gridlerinin hesaplanması ile drenaj ağları belirlenmiş havzaya ait bazı parametrelerde sayısal yükseklik verileri yardımı ile tespit edilmiştir. Çalışmada, 1.5 arc dereceli yani yaklaşık 30 x 30 metre çözünürlüklü grid dosyaları kullanılmıştır.

3.1 SYV İşleyen Programların İşleyişi

Hidrolojik veri geliştirmesinin ilk aşaması drenaj havzası sınırlarının belirlenmesidir. Su ayrım çizgisi olarakta adlandırılan bu sınırlar normalde bir havzanın sırtları boyunca devam eder. Sırtın bir tarafında su bir havzaya akarken diğer tarafı ayrı bir su toplama havzasına ilişkindir. Dağınık hidrolojik modeller için D8 yaklaşımı (sekiz akış yönü), drenaj havza yapısının modellenmesinde geçerli yaklaşımlardan biridir (Jenson ve Domingue, 1988; Turcotte ve ark., 2001). Burada, grid hücre yapısına sahip veriler ve bu verilere bağlı olan drenaj ağında grid hücrelerinin her biri, komşu hücrelerden sadece birine doğrudan bağlantılı olabilmektedir (Tribe, 1992).

Çalışmada havza sınırlarının belirlenmesinde D8 yöntemi kullanılmıştır. D8 yönteminin uygulaması şekil 3.1'de de görüldüğü gibi 4 aşamada gerçekleşmektedir. Birinci aşamada sayısal yükseklik modeli (SYM) üzerinde her bir hücre için su akış yönleri hesaplanmaktadır. İkinci aşamada su akış yönlerinden yola çıkılarak, havza sınırı belirlenmektedir. Üçüncü aşama, akarsu ağının modellenmesi yapılmakta, son aşamada ise hesaplanan su akış yönleri ve modellenen akarsu ağı parçaları yardımıyla alt havza sınırları belirlenmektedir.

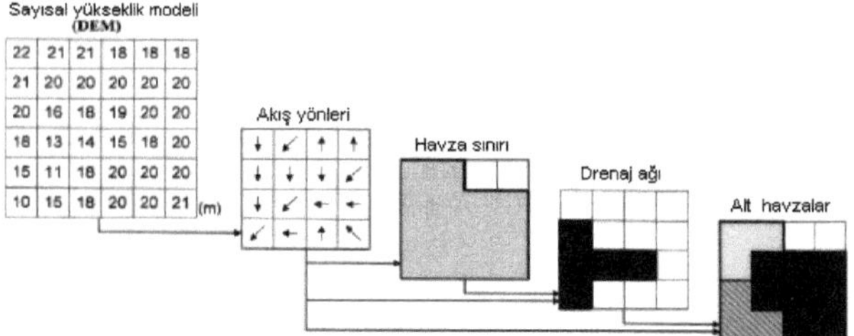

Şekil 3.1: SYM yardımıyla drenaj havzasının belirlenmesi.

D8 yöntemi diğer birçok yaklaşımda olduğu gibi, çukur ve düz alanlar ile akışı engelleyen yapıların bulunması durumlarında drenaj ağının belirlenmesinde bazı zorluklara sahiptir (Garbrecht ve Martz, 1999). Bu sorunlar genellikle, sayısal yükseklik modeli üretilirken oluşan enterpolasyon hataları ve veri karmaşıklığından ortaya çıkmaktadır. Bu çukur ve çöküntü alanlara ilişkin grid hücre değerleri tüm komşu hücre değerlerinden daha düşüktür ve bu durumda herhangi bir komşu hücreye doğru akış engellenmektedir (Jenson ve Domingue, 1988; Venkatachalam ve diğ., 2001). Şekil 3.2'de çevresindeki tüm komşu gridlerden düşük bir değere sahip bir grid hücresi örneği verilmiştir. Şekil 3.2'de görüldüğü gibi, tüm akışlar ortadaki düşük yükseklik değerine sahip gride doğru olmaktadır. Sayısal yükseklik modeli üzerinde akış yönleri hesaplanmadan önce bu değerlerin düzeltilmesi gerekmektedir. Aksi durumda, havza belirlenirken bir çukur etrafındaki gridler, belirlenen havzaya ilişkin olmayacak, kendi içinde kapalı alanlar oluşturacaktır (Smemoe, 1997). En yaygın uygulama ise, drenaj ağları tanımlanmadan önce hatalı çukur ve pik değere sahip hücre değerlerinin düzeltilmesidir.

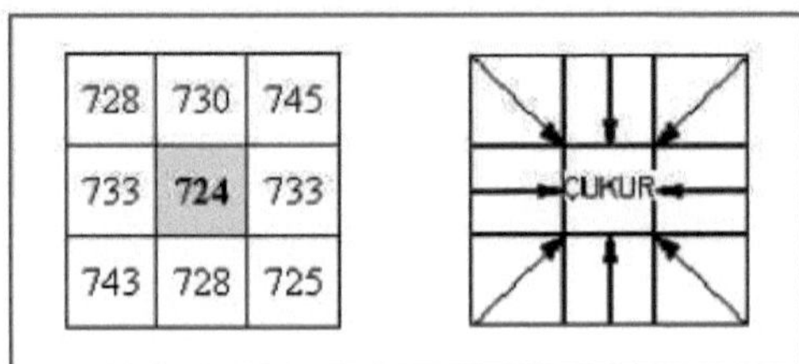

Şekil 3.2: Çukura doğru akış yönleri.

Sayısal yükseklik modeli üzerinde var olan çukur ve pik noktalarının ortadan kaldırılması şekil3.3'de örnekle gösterilmiştir. Akışı engelleyen çukur noktalar doldurulurken, akışa engel olan ve doğal olmayan yükseltiler kaldırılmaktadır. Çalışmada, model üzerinde gerekli düzeltmeler yapıldıktan sonra, D8 yöntemi aşama aşama uygulanmıştır.

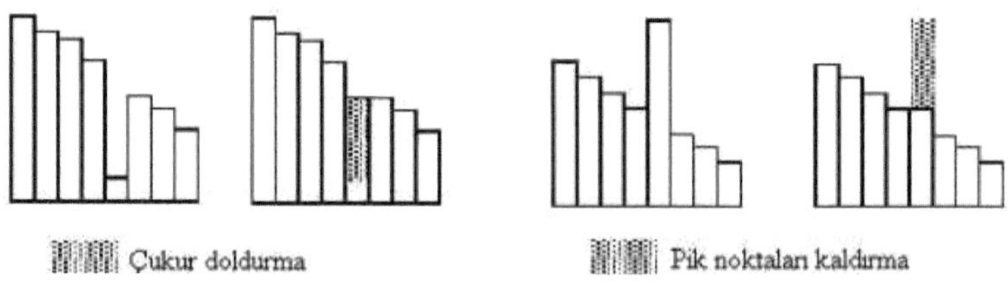

Şekil 3.3: SYM üzerinde hatalı çukur ve pik noktaların düzeltilmesi.

3.1.1 Su akış yönlerininhesaplanması

Sayısal yükseklik modeli üzerinde her bir grid hücresinin sahip olduğu bir yükseklik değeri bulunmaktadır. Hücrede akış, yükseklik değeri kendi değerinden düşük olan komşu hücrelerden sadece birine doğru olabilmektedir. Her bir hücre için 8 olası yön vardır ve bu yönler aşağı, yukarı, sağa, sola, yukarı sağ, yukarı sol, aşağı sağ ve aşağı sol olmak üzere belirlenmiştir. Şekil 3.4'de X hücresinden olası akış yönleri ve bu akış yönlerine göre, yeni oluşacak su akış yönü modelinde X hücresinin alacağı değerler verilmiştir. Bu değerler, çalışılan yazılım da akış yönünü ifade eden değerlerdir. Buna göre X hücresinde akış hücrenin sağına doğru ise, X hücresinin akış yönü değeri 1, soluna doğru ise 16 ve aşağı doğru ise 4 olacaktır. Şekil 3.4'de sayısal yükseklik modeli üzerindeki her bir hücreye ilişkin olası su akış yönleri hesaplanarak, su akış yönleri modeli oluşturulmaktadır.

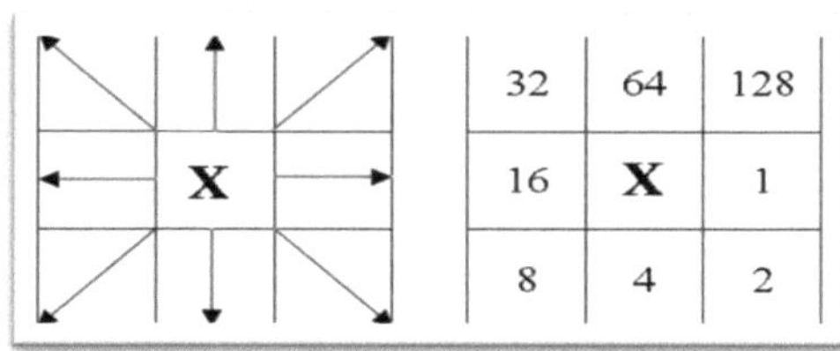

Şekil 3.4: Akış yönleri ve bu yönlere göre hücre değerleri.

3.1.2 Akış toplanma gridlerinin hesaplanması

Akış yönleri modeli kullanılarak akış toplanma modeli oluşturulur. Akış yönleri modeli üzerinde, hücrelerin akış yönüne göre, her bir hücreye gelen akış miktarı, birikimli olarak toplanmakta ve akış toplanma gridleri elde edilmektedir (Jenson ve Domingue, 1988). Şekil 3.5'de görüldüğü gibi sayısal yükseklik modelinden; su akış yönleri belirlenmekte ve su akış yönleri modeli oluşturulmaktadır. Su akış yönleri modelinde, sağ üst köşeden başlanarak, hücre hücre akış toplanma değerleri hesaplanmaktadır. Bir hücreye, herhangi bir hücreden akış olmuyorsa alacağı değer sıfır olmaktadır.

3.1.3 Havza sınırlarının belirlenmesi

Akış toplanma modeli üzerindeki en büyük değere sahip grid noktası çalışma alanındaki en büyük havzanın çıkış noktasını tanımlar. Akış yönleri bu çıkış noktasına doğru olan tüm grid hücreleri söz konusu havzaya ilişkin olup, bunların dış sınırları havzanın sınırını belirlemektedir. Ayrıca, çıkış noktası değeri değiştirilerek, yeni noktanın temsil ettiği alt havza alanı bulunulabilir (Jenson and Domingue, 1988).

3.1.4 Drenaj ağlarının belirlenmesi

Drenaj ağları, akış toplanma modeli üzerinden oluşturulur. Bu model üzerinde, yapılan çalışmanın hassaslığı ve büyüklüğü göz önüne alınarak akış toplanma modelinde elde edilen en büyük hücre değerine göre, bir alt sınır değeri belirlenir. Bu sınır değeri üzerindeki tüm hücreler drenaj ağının bir parçası olarak tanımlanır. Genellikle yapılan çalışmalarda alt sınır değeri 0 alınmaktadır. Oluşturulan drenaj ağı, vektör özelliklidir. Drenaj ağında, su akış yönleri ve akış toplanma modeli göz önüne alınarak ana suyolu ve yan kolları oluşturulmaktadır. Akış toplanma modeli üzerinde su akış yönü küçük değerli hücreden büyük değerli hücreye doğrudur (Venkatachalam ve diğ, 2001).

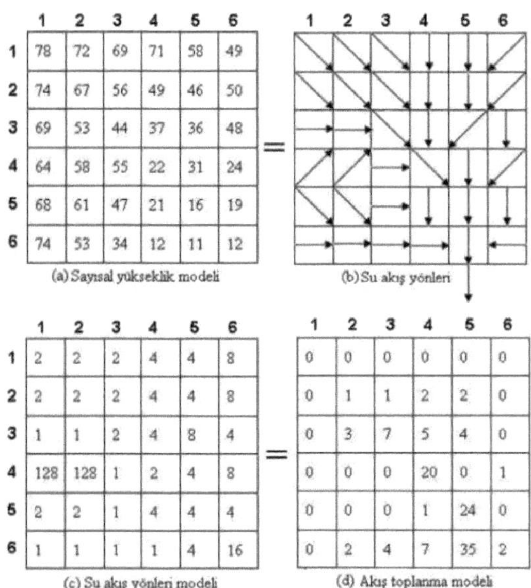

Şekil 3.5: Akış toplanma modelinin oluşturulma aşamaları.

3.1.5 Alt havza sınırlarının belirlenmesi

Birçok hidrolojik çalışmada, havzaların önemli akarsular ile tanımlı alt havzalara bölünmesi gerekebilir. Alt havzalar da birer havzadır ancak büyük havzaların parçalarını oluştururlar. Alt havzalar belirlenirken, havza sınırlarından farklı olarak akış yönleri modelinin yanında, modellenen drenaj ağı da kullanılır. Drenaj ağını oluşturan her bir kol kesişim noktalarından parçalara ayrılmakta ve her bir kolun akış alanları bulunmaktadır. Bu alanların her biri, alt havzaları oluşturmaktadır (Turcotte ve diğ, 2001).

3.2 Bulunan Havza Parametreleri

Bulunan havza sınırını çizgisel olarak göstermek için grid-poligon dönüşümü ile havza sınırı poligon özellikli bir kapsama (Coverage) aktarılmaktadır. Bu aşamadan sonra havza karakteristik parametreleri oluşturulan kapsamın öz nitelik çizelgesinden okunabilmektedir. Kullanılan SYV işleme programının opsiyonel olarak hesapladığı bu bilgiler çizelge 3.1' de görülmektedir.

Çizelge 3.1: SYM ile hesaplanan havza karakteristik bilgileri.

WMS Programı çıktı Kısaltması	Sim-ge	Açıklama	Birim	Havza 2008	Havza 2006	Havza 2015	Havza 1820	Havza 1805	Havza 1822	Havza 1801
BA	A	Havza Alanı	km^2	445.6	769.7	967.8	1424.4	4210.7	6641.8	2431.3
AOFD	L_0	Ortalama Yüzeysel Akış Uzunluğu	Km	1.05	1.09	1.05	1.14	1.07	1.12	1.17
BS	S	Havza Eğimi	km/km	0.25	0.26	0.18	0.33	0.30	0.12	0.23
MFD	L	Memba Çıkış Noktası Arası Uzunluk	Km	69.09	57.56	67.77	115.56	199.49	228.60	132.46
MFDS	L e	Memba Çıkış Noktası Arası Havza Eğimi	km/km	0.03	0.03	0.02	0.02	0.01	0.01	0.01
CSD	L ca	Centroid Dikmesinden Çıkış Noktasına Akarsu Uzunluğu	Km	31.90	27.72	41.40	66.62	85.72	105.23	48.68
CSS	L cae	Centroid Dikmesinden Çıkış Noktasına Akarsu Eğimi	km	0.02	0.01	0.01	0.02	0.01	0.00	0.01
MSL	L C	Maksimum Nehiryatağı Uzunluğu	Km	66.45	55.03	65.10	113.06	197.02	225.82	129.75
MSS	S c	Maksimum Nehiryatağı Ortalama Eğimi	km/km	0.02	0.02	0.01	0.02	0.01	0.00	0.01

4. GECİKME SÜRELERİNİN BULUNMASI

Kadıoğlu (2001) akış katsayısı hesabında çalışılan havza büyüdükçe, farklı alt havzaların aldığı yağışların çıkış noktasındaki etkisinin gecikmesinden ötürü akış katsayısının biri aşabildiğini belirtmiştir. Bu çalışma kapsamında incelenen havzalar, büyük yüzey alanlarına sahip olduğu için hangi istasyondaki yağış ne kadar zaman sonra çıkış noktasında etkisini hissettirir sorusunun cevabı aranmıştır. Çünkü farklı istasyonlarda ölçülmüş yağış miktarlarının, çıkış noktası debisi ile ilişkisini yansıtan bir büyüklük olarak, akış katsayısı hesaplanmaktadır.

Noktasal istasyonlar için hesaplanan bu zaman farkına *"gecikme süresi"* denilecektir. Özellikle havza alanı büyüdükçe gecikme sürelerive hesaplamalardaki etkinlikleri artmaktadır. Yıllık hesaplamalarıda gecikme etkisinin hesaplamalara etkisi ihmal edilebilecek iken yıl altı zaman dilimleri ile çalışılıyorsa bu etki sürenin kısalması ile orantılı olarak sonuçlara tesir edecektir.

Gecikme süresine benzer bir kavram Morin ve diğ. (2001) tarafından *"havzanın karakteristik zaman ölçeği"* adıyla kullanılmıştır. Karakteristik zaman ölçeğini havzanın yağışa ne kadar sonra tepki verdiğini gösteren nisbi bir zaman uzunluğu olarak tanımlamışlardır. Havzalar için bu süreleri belirlerken radar verilirinden ve sürekli gözlem yapılmış debi değerlerinden belli zaman aralıklarında ortalamalar almışlar, herhangi bir yağış akış modeli kullanmadan, yağış hiyetografı ile debi hidrografı arasındaki ilişkiyi incelemişlerdir. İki veri serisi arasında spektral analiz ve gözlem yoluyla uygun ilişkiyi belirlemişler ve her havza için buldukları bu büyüklüğün küçük havzalarda (A< 100 km^2)yağış akış tepkisini modellemede başarılı olduğunu kanıtlamışlardır.

Gecikme süresi alansal yağışın grafik metotlarla daha doğru hesaplabilmesi için uygulanan bir ön işlemdir. Bu yönüyle havza geçiş süresi veya bekleme süresinden farklıdır. Yağışın çıkış noktasındaki tepkisi incelemesi yönüyle ise bu iki kavrama benzemektedir. Bekleme süresi havzanın yağış olayına uzun süreli tepkisi,geçiş süresi ise kısa süreli tepkisi olarak tanımlanmaktadır (Lyon ve diğ, 2008). Literatürde bekleme süresi ve geçiş süresi hesaplanması ile ilgili pek çok veri odaklı araştırma mevcuttur (Kirchner ve diğ, 2001; McGuire ve McDonnell,2006; Soulsby ve diğ., 2006). Bu metotlar havza geçis süresinin belirlenmesinde çoğunlukla izotop izleme yöntemleri kullanmaktadırlar. İzotopların gözlenen yoğunlukları ile yağış akış arasında bağıntılar kurulur. Fakat bu metotlar çoğunlukla iyi gözlenen küçük havzalarda uygulanabilmektedir.

Bu çalışmada gecikme süreleri tespit edilirken, yağış istasyonlarının verileri zaman içinde ötelenerek (lag) türetilmiştir. Serilerin hangi güne kadar türetileceğine korelasyon değişim grafikleri (korelagram) ile karar verilmiştir.

Sonrasında, her istasyon için karar verilmiş olan ötelenmiş seriler ve çıkış noktası debisi arasındaki ilişki istatistiksel ve yapay sinir ağı modelleri ile incelenmiştir. Kurulan modellerde girdilerin (bağımsız değişken) çıktı (bağımlı değişken) üzerinde etkisi araştırılmıştır. Karar verilen gecikme süreleri alansal yağışın hesaplanmasında kullanılacaktır.

4.1 Verilerin İstatistiksel İncelemesi

Debi gözlem verileri içinde ekstrem değerler yer almaktadır. 1801 kodlu havza için uzun dönem günlük akım verilerinin ortalaması (μ) 29.5 m^3/s ve standart sapması (σ) 35.9 m^3/s olduğu düşünülürse normal dağılım %99'luk güven aralığında üst limit olan $\mu + 3\sigma = 138$ m^3/s değerini aşan çok sayıda uç değer bulunmaktadır. Bu durum dağılımın normal olmadığını göstermektedir.

Korelasyon ve regresyon istatistikleri belli kabuller altında yapıldığı için hesaplamalar yapılmadan önce verilere dönüşümler uygulanmış ve frekans histogramları normal dağılıma uydurulmaya çalışılmıştır.

Özellikle 1980 yılı mart ayında ve 1979 yılı ocak ayında yaşanan taşkınlar akarsu gidiş değerleri düşünüldüğünde önemli derecede büyük değerlerdir. Çizelge 4.1'de günlük ortalama debinin 250 m^3/s değerini aştığı durumlar yansıtılmaktadır. Yapılacak olan hesaplamalarda uç değerler çıkarılmamıştır.

Çizelge 4.1: Günlük debinin 250 m^3/s değerini aştığı günler.

Tarih	Debi (m^3/s)	Tarih	Debi (m^3/s)
03.01.1979	420	29.03.1980	316
04.01.1979	352	30.03.1980	262
26.03.1980	2354	03.04.1980	280
27.03.1980	276	15.05.1980	262
28.03.1980	536	21.11.1995	310

Yağış ve akım değerleri üzerinde 4.1 ve 4.2 dönüşümleri yapılmıştır.

$$P_d = \ln(P + 1) \qquad \textbf{(4.1)}$$

$$Q_d = \ln(\ln(Q)) \qquad \textbf{(4.2)}$$

Şekil 4.1'de dönüşümden önce ve sonra debi serisinin histogramları ve normal dağılım eğrileri görülmektedir. EK D'de tüm havzalara ait dönüşüm yapılmış ve yapılmamış debi değerlerinin histogramları ve normal dağılım eğrileri görülebilir.

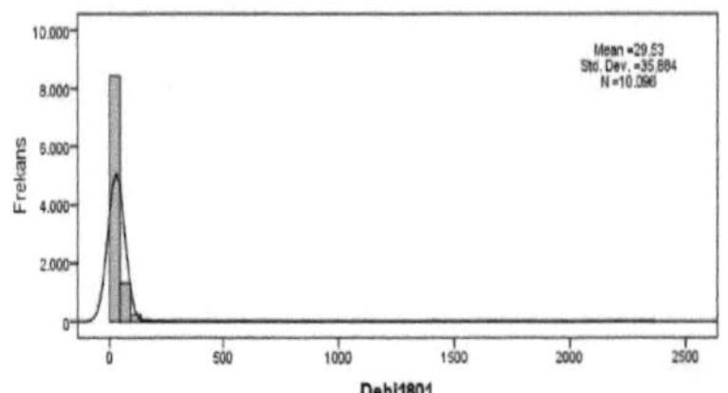

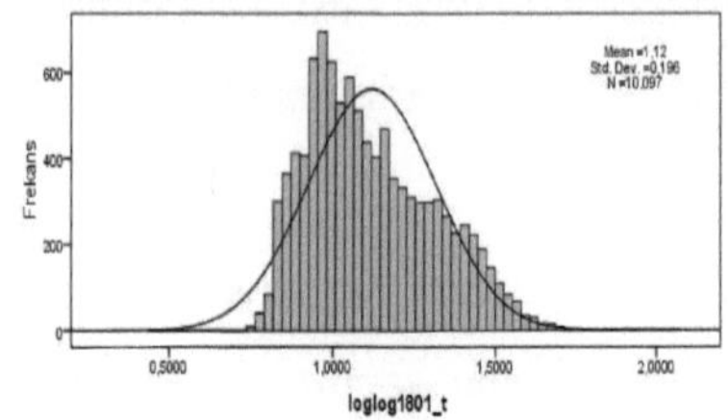

Şekil 4.1: Dönüşüm sonrası debi değerleri normal dağılım eğrisi grafiği.

Yapılan dönüşümler sonucunda düzenlenmiş veri setlerinde varyanslarda, çarpıklık ve basıklık değerlerinde önemli ölçüde azalma olduğu görülmektedir. Dönüşümler yapıldıktan sonra veri serisinin tanımlayıcı istatistikleri çizelge 4.2'de görülmektedir. Çizelgede Q ve P sembolleri akım ve yağış verilerini Qd ve Pd sembolleri ise dönüşüm yapılmış veri setlerini sembolize etmektedir.

Çizelge 4.2: 1801 nolu havzada dönüşüm yapılmış verilerin istatistiği.

	Değişim Aralığı	Minimum	Maximum	Ortalama	Std. Sapma	Varyans	Çarpıklık	Basıklık
Q1801	2349	4.79	2354	29.52	35.87	1286.95	28.70	1754.34
Qd1801	1.60	0.45	2	1.12	0.20	0.04	0.55	-0.43
P17802	499	0	499	11.49	32.86	1079.91	4.72	30.77
Pd17802	6.21	0	6	0.87	1.51	2.29	1.52	0.87
P17837	402	0	402	10.74	32.54	1058.55	4.88	30.43
Pd17837	6.00	0	6	0.80	1.48	2.18	1.63	1.26
P17840	630	0	630	14.65	40.55	1644.01	4.96	34.91
Pd17840	6.45	0	6	0.99	1.63	2.66	1.32	0.24
P17866	854	0	854	16.83	52.25	2729.84	5.44	41.18
Pd17866	6.75	0	7	0.92	1.65	2.71	1.53	0.90
P17908	1525	0	1525	23.33	75.50	5700.13	6.16	60.53
Pd17908	7.33	0	7	0.93	1.75	3.08	1.65	1.20

4.2 Debi - Yağış Korelasyon İlişkileri

Korelasyon ilişkisi pearson moment (doğrusal) ve spearman sıra korelasyon katsayıları üzerinden incelenmiştir. Pearson korelasyon katsayısı;

$$r = \sum_{i=1}^{N} \frac{(x_i - \bar{x})(y_i - \bar{y})}{(N-1)s_x s_y} \qquad \textbf{(4.3)}$$

şeklinde denkleme dökülmektedir. Denklem 4.3'de; x_i, y_i veri serisindeki i.inci terimini, $\bar{x}, \bar{y}$, ortalama değerleri ve S_x, S_y, standart sapmaları, N ise örneklemdeki eleman sayısını göstermektedir.

Regresyon ve YSA çalışmalarında kullanılacakt-n günlük ötelenmiş veriler için "n" sayısı bulunurken, debi ve yağış arasında korolegramlar ve her adımda korelasyon değişimini gösteren grafikler çizilmiştir. Şekil 4.1 1801 havzasının debi- yağış korelagramları görülebilir. İnceleme de thiessen çokgeni havza içerisinde olan istasyonlar ile çalışılmıştır.1801 havzası korelagramları incelenecek olursa; korelasyonların 0 değerine yaklaştığı ve korelasyondaki değişimin % 5'in altına düştüğü günler, 17802 nolu istasyon için t-5, diğer tüm istasyonlar için t-6 alınabileceği görülmektedir. Çalışılan diğer havzaların korelagram grafikleri ise EK E' de incelenebilir.

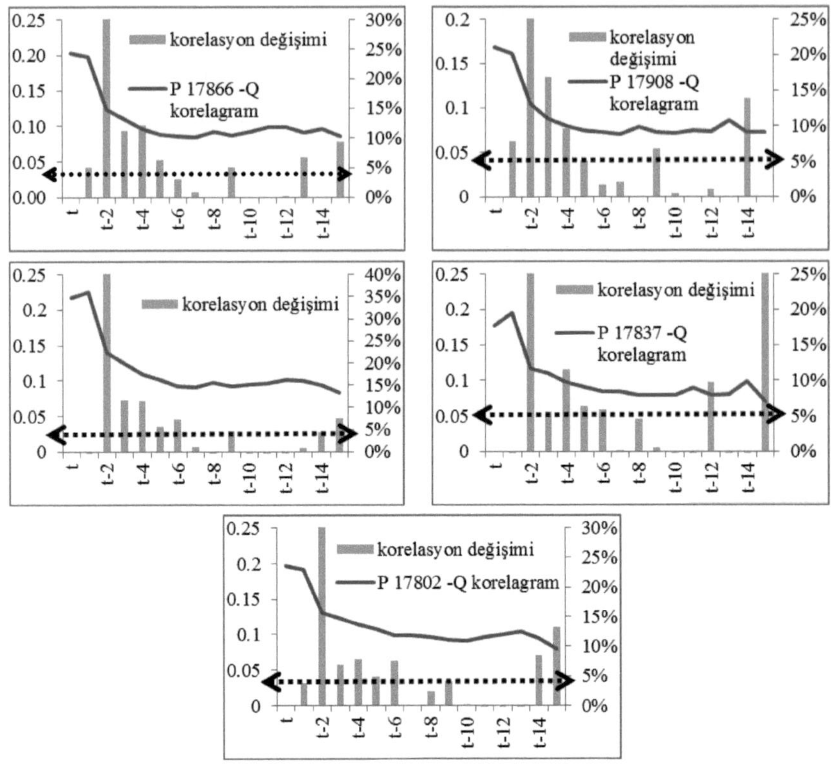

Şekil 4.2: 1801 havzasında debi yağış ilişkisi korelagramları.

Ek E'de havza bazında yer alan korelagramlar incelendiğinde korelasyonların t-n süresince n sayısı ile azaldığı gözlenmektedir. Korelasyon değişimimin % 5'in altına düştüğü durumlar çizelge 4.3'de görülmektedir. Çizelgede yer alan t-n. adımlar gecikme süresi tahmini çalışmalarında kullanılacak olan verinin sınır değerleridir. Çoklu regresyon ve YSA modellerinden kullanılacak olan veriler bu sınırlamalar eşliğinde türetilmiştir.

Çizelge 4.3: Havzalar ve YGİ için türetilecek veri setleri sınır değerleri.

YGİ	Q 2006	YGİ	Q 2008	YGİ	Q 2015	YGİ	Q 1820
17866	t-6	17866	t-6	17908	t-8	17250	t-7
17868	t-5	17908	t-6	17840	t-8	17936	t-5
17840	t-7	17940	t-8	17802	t-7	17906	t-5
YGİ	Q 1801	YGİ	Q 1805	YGİ	Q 1822		
17866	t-6	17802	t-6	17162	t-5		
17908	t-6	17836	t-6	17196	t-5		
17840	t-6	17837	t-6	17762	t-5		
17837	t-6	17840	t-6	17802	t-5		
17802	t-5	17908	t-6	17837	t-5		
		17866	t-6	17836	t-6		
				17840	t-8		

4.3 Gecikme Süresinin Çok Değişkenli Regresyon Modelleri İle Bulunması

Çalışılan tüm havzalarda adım adım (AAR-stepwise) ve geriye doğru (GDR-backward) regresyon modelleri, kolinearite faktörü gözetilerek uygulanmıştır. Bu bölümde 1801 nolu havzaya ait hesaplar detaylıca incelenecektir. Ek F'de tüm havzaların regresyon değerlendirme çizelgeleri görülebilir.

4.3.1 Adım adım regresyon analizi

Adım adım çoklu regresyon metodu pek çok araştırmacı tarafından (Weisberg, 1980; Gevrey ve diğ.,2003) önemli değişkenleri ve onların bağımlı değişkene katılım derecelerini tanımlamak amacıyla kullanılmıştır.

Doğrusal regresyon modeli, $X_{i,t}, t = 1,2,3,\dots,n$ ve $i = 1,2,3,\dots,p$ bilinen bağımsız değişkenleri, $y_t = 1,2,3,\dots,n$ bağımsız değişkenleri ve e_t hata terimini göstermek üzere,

$$y_t = \beta_0 + \beta_1 X_{1,t} + \beta_2 X_{1,t-1} \dots + \beta_2 X_{2,t} + \beta_2 X_{2,t-1} \dots + \beta_p X_{p,t} + e_t \quad \textbf{(4.4)}$$

şeklinde gösterilebilir. Yapılan regresyon kabülleri hata terimleri (e_t) üzerinde yapılmaktadır. et'lerin sıfır ortalamalı sabit varyanslı olduğu kabül edilir. e_t' lerin bağımsız aynı dağılıma sahip rastgele değişkenlerin bir dizisi olduğu varsayımı yapılır. Bunun yanında uygunluk testlerinin yapılabilmesi için e_t'lerin standart normal dağılıma uydukları varsayılır (SPSS App, 1999). Uygun regresyon modeli kurulmadan önce bu varsayımların doğruluğu kontrol edilmeli, aksi halde varsayımları doğrulayacak dönüşümler uygulanmalıdır.

Adım adım regresyon (AAR) çalışmasında bağımlı değişken ile en yüksek korelasyonu olan bağımsız değişken regresyona dâhil edilerek adımlar başlatılmış, sonraki her bir adımda (mutlak değer taban alınarak) kritik t değeri (t_{kr}) en büyük olan değer regresyona dâhil edilmiştir. Kritik t değeri kritik F değerinin karekökü olarak tanımlanmaktadır. % 95 güven aralığında çalışılırken t_{kr}= 1.96'yı aşmayan değişkenler regresyona dâhil edilmez iken, her adımda dâhil edilmiş değişkenler tekrar kontrol edilir ve $t_{kr} < 1,65$ değişkenler varsa o adımda bu değişken regresyondan çıkarılır. Bu değerler F değeri olarak 3.84 ve 2.71'e tekabül etmektedir. F istatistiğinde F değerinin ihtimali <= 0.05 ise değişken regresyona dâhil edilirken, F ihtimali >= 0.1 ise değişken regresyondan ayrılır (SPSS App, 1999).

Çizelge 4.3' de görüldüğü gibi 5 istasyonda birer gün öteleme ile 7 günlük uyum araştırması için 5x7=35 değişken adım adım regresyona dâhil edilmiş ve sonuçta t değerleri regresyon kriterlerine uyan 19 değişken regresyonda kalmıştır. Çizelge 4.4'de adım adım dâhil edilen ve çıkarılan değişkenler görülebilir.

Çizelge 4.4: AAR'da her adımda çıkarılan ve eklenen değişkenler.

Model No	Girilen Değerler	Çıkılan değerler	Model no	Girilen değerler	Çıkılan değerler
1	log17840_t	.	12	log17908_t4	.
2	log17840_t3	.	13	log17802_t6	.
3	log17840_t6	.	14	log17908_t1	.
4	log17802_t1	.	15	log17802_t3	.
5	log17802_t4	.	16	log17908_t5	.
6	log17908_t2	.	17	log17908_t3	.
7	log17908_t	.	18	log17840_t1	.
8	log17802_t5	.	19	log17866_t	.
9	log17908_t6	.	20	log17837_t6	.
10	log17802_t2	.	21	.	log17840_t6
11	log17802_t	.			

Kurulan regresyon modellerinin özetleri çizelge 4.5'te görülebilir. Her bir adımda regresyon denklemine alınan değişkenlerin sayısı ile birlikte R kare değerleri artış göstermektedir, bu beklenen duruma karşı daha istikrarlı bir davranış gösteren ayarlanmış R^2 (adjusted R^2) değerlerinde ise 17. Regresyon modelinden sonra değişim 0 mertebesinde olmaktadır.

Çizelge 4.5: Kurulan AAR modelleri ve istatistikleri.

ModelNo	R	R kare	Ayarlanmış R kare	Tahminin Standart Hatası	R kare Değişimi	dF2	Sig. F Değişimi
1	0.281	0.079	0.079	0.187842	0.079	10095	0
2	0.35	0.123	0.122	0.183343	0.044	10094	0
3	0.394	0.155	0.155	0.179938	0.032	10093	0
4	0.419	0.176	0.175	0.177743	0.021	10092	0
5	0.434	0.188	0.188	0.176364	0.013	10091	0
6	0.444	0.197	0.197	0.175394	0.009	10090	0
7	0.452	0.204	0.204	0.174666	0.007	10089	0
8	0.458	0.21	0.21	0.174	0.006	10088	0
9	0.462	0.214	0.213	0.173634	0.003	10087	0
10	0.465	0.217	0.216	0.173315	0.003	10086	0
11	0.467	0.218	0.218	0.173116	0.002	10085	0
12	0.469	0.22	0.219	0.172931	0.002	10084	0
13	0.471	0.222	0.221	0.172742	0.002	10083	0
14	0.473	0.224	0.223	0.172557	0.002	10082	0
15	0.474	0.225	0.224	0.172423	0.001	10081	0
16	0.475	0.226	0.225	0.172321	0.001	10080	0
17	0.476	0.226	0.225	0.172276	0	10079	0.012

18	0.476	0.227	0.226	0.172238	0	10078	0.02
19	0.477	0.227	0.226	0.172207	0	10077	0.032
20	0.477	0.228	0.226	0.172175	0	10076	0.03
21	0.477	0.227	0.226	0.172188	0	10076	0.113

Yağış değerleri birer gün ötelenerek regresyona girildiği için göz önünde tutulması gereken önemli bir nokta bu değişkenler arası çoklu bağımlılık (multikolinearite) faktörüdür. Çizelge 4.6' da kolinearite tanısı istatistikleri görülmektedir. Genel bir yaklaşım tarzı olark VIF (variance inflaction factor) değeri 10'nun üstünde ise veya buna bağlı olarak tolerans değerleri 0.1'den küçükse bu regresyon denklemi adına problem oluşturabilecek bir durum olarak değerlendirilir. Çünkü bu durumda iç bağımlılık etkisi ile değişkenlerin az bir değişimi ile regresyon katsayıları aşırı değişebilmektedir. Başka bir kolinearite değerlendirme kıstası ise Eigen değerleri ve condition indeks değerleridir. Eigen sayısı bir bağımsız değişkenin diğer bağımsız değişkenlere ne oranda bağlı olduğunu gösteren bir büyüklüktür, değeri sıfıra yaklaştığı ölçüde bağımlılık artmaktadır. Eigen değerleri değişkenlerin çoğunda 0'a yakın çıkıyorsa bu durum değişkenlerin bağımlı olduğunu göstermektedir. Condition indeks katsayısı ise 15 geçtiğinde bu bir kolinarite probleminin olduğunu eğer bu değer 30'u aşarsa problemin çok ciddi boyutta olduğunu gösterir. Condition indeks en büyük eigen değerinin birbiri ardına gelen her eigen değerine bölümünün kare köküdür (SPSS App, 1999). Çizelge 4.6'da kolinearite tanısı istatistikleri incelendiğinde VIF değerinin hiçbir veri seti için 10 değerini aşmadığı, tolerans değerlerinin ise 0.1'den küçük olmadığı görülmektedir. Condition indeks değerlerinin ve eigen değerlerinin en fazla 8 mertebelerine çıktığı görülmektedir. Eigen değerleri bazı durumlarda 0' a yakın çıksada tüm kriterler beraber değerlendirildiğinde yapılan regresyonun anlamlı olduğuna ve kullanılabileceği sonucuna varılmaktadır.

Çizelge 4.6: Son adımda AARkatsayıları ve kolinearite tanısı.

Model 21	Standardize edilmemiş kats.				Kolinearite tanısı istatistikleri			
	B	satandart hata	T	sig.	To-lera ns	VİF	Eigend eğeri	Condition Indeks
(Sabit)	1.018	0.003	397.724	0			8.95	1.
log17840_t	0.006	0.002	2.931	0	0.3	3.464	2.28	1.99
log17840_t3	0.003	0.002	1.832	0.07	0.3	2.955	1.7	2.29
log17802_t1	0.007	0.002	4.093	0	0.4	2.516	1.196	2.73
log17802_t4	0.009	0.001	6.142	0	0.6	1.562	0.95	3.06
log17908_t2	0.005	0.001	3.827	0	0.6	1.783	0.66	3.69
log17908_t	0.008	0.001	5.466	0	0.4	2.295	0.55	4.03
log17802_t5	0.007	0.001	5.115	0	0.6	1.567	0.54	4.09
log17908_t6	0.006	0.001	4.868	0	0.6	1.767	0.45	4.44
log17802_t2	0.008	0.001	5.960	0	0.6	1.565	0.4	4.69
log17802_t	0.008	0.002	4.682	0	0.4	2.490	0.392	4.77
log17908_t4	0.004	0.001	3.053	0	0.6	1.777	0.335	5.16
log17802_t6	0.008	0.002	4.394	0	0.4	2.631	0.286	5.58
log17908_t1	0.005	0.001	3.664	0	0.5	1.987	0.266	5.79
log17802_t3	0.007	0.002	3.785	0	0.4	2.500	0.257	5.89
log17908_t5	0.005	0.001	3.692	0	0.6	1.768	0.207	6.56
log17908_t3	0.003	0.001	2.484	0.01	0.5	1.983	0.17	7.25
log17840_t1	0.004	0.002	2.264	0.02	0.3	3.007	0.167	7.31
log17866_t	0.004	0.002	2.220	0.03	0.3	3.090	0.158	7.5
log17837_t6	0.005	0.002	2.642	0.01	0.4	2.788	0.144	7.88

4.3.2 Geriye doğru çoklu regresyon analizi

Çoklu regresyon yöntemleri ile duyarlılık analizi yapılırken birden fazla regresyon yaklaşımı kullanılması önerilmektedir (SPSS App, 1999). Bu yüzden adım adım regresyon yaklaşımı yanında geriye doğru regresyon (GDR) modelleri de kurulmuştur. 5 yağış istasyonunun zaman içinde ötelenmiş 7 farklı veri serisi ile oluşturulan 35 girdi ile geriye doğru adım adım işletilen regresyon modeli kurulmuştur. Genel regresyon kabulleri t_{kr}= 1.65 değerinin altındaki değerlerin regresyondan adım adım çıkarılması ve her adımda kalan veri setinin t değerlerinin yeniden hesaplanarak bir sonraki en küçük t_{kr}< 1.65 şartını sağlayan değişkenin çıkarılması şeklinde olmaktadır. 1801 nolu havza için yapılan modellemede, birinci adımda 35 değişkenin hepsi girdi olarak alınmıştır. Her adımda çıkarılan değişkenler çizelge 4.7'de görülebilir.

Çizelge 4.7: GDR modeli adımlarında çıkan değişkenler.

Model No	Çıkan Değişkenler	Reg. Denk. Değişken Sayısı	Model No	Çıkan Değişkenler	Reg. Denk. Değişken Sayısı
1	-	35	10	log17837_t3	26
2	log17866_t4	34	11	log17837_t2	25
3	log17866_t6	33	12	log17840_t4	24
4	log17866_t2	32	13	log17837_t5	23
5	log17866_t3	31	14	log17837_t	22
6	log17866_t5	30	15	log17837_t4	21
7	log17840_t5	29	16	log17840_t3	20
8	log17837_t1	28	17	log17840_t6	19
9	log17866_t1	27			

17 adımda geriye doğru kurulan regresyon modellerinin R^2 değişimleri ve istatistikleri çizelge 4.8'de görülebilir. 35 değişkenli birinci modelde ayarlanmış R^2 değerinin 0.226 olması dikkat çekicidir. Bu durum değişkenlerin tümünün bağımlı değişkendeki değişimin % 23'lük bir kısmını açıklayabildiğini göstermektedir. Havzanın büyüklüğü ve sistemin karmaşıklığı göz önüne alındığında bu beklenen bir durumdur. Kolinearite tanısı için istatistikleri hesaplanmıştır. Çizelge 4.9'de geriye doğru işletilen çoklu regresyon modellerinde 17. adım, yani final adımına ait t istatistikleri ve kolinearite istatistikleri verilmektedir. İstatistiklerde de görüldüğü gibi VIF değerleri 10'un altında, condition indeks değerleri 15'in çok altında, tolerans değerleri ise 0.1'in üstünde yer almaktadır. Eigen değerleri bazı değişkenler için 0' a yakın değerler alsa da eigen değerlerinden türetilen ve daha kararlı bir katsayı olan condition indeks değerleri ve diğer istatistikler beraber değerlendirilirse, regresyon modelinde kolinearite problemi gözükmemektedir.

Çizelge 4.8: Kurulan GDR modelleri ve istatistikleri.

Model	R	R kare	Ayarlanmış R kare	Tahminin standart hatası	R kare değişimi	F değişimi	dF2	Sig.F değişimi
1	0.48	0.23	0.226	0.17	0.228	85.120	10061	0
2	0.48	0.23	0.226	0.17	0	0	10061	0.985
3	0.48	0.23	0.226	0.17	0	0.064	10062	0.801
4	0.48	0.23	0.226	0.17	0	0.085	10063	0.771
5	0.48	0.23	0.226	0.17	0	0.104	10064	0.747
6	0.48	0.23	0.226	0.17	0	0.157	10065	0.692
7	0.48	0.23	0.226	0.17	0	0.132	10066	0.716
8	0.48	0.23	0.226	0.17	0	0.182	10067	0.669
9	0.48	0.23	0.226	0.17	0	0.257	10068	0.612
11	0.48	0.23	0.226	0.17	0	0.777	10070	0.378
12	0.48	0.23	0.226	0.17	0	0.863	10071	0.353
13	0.48	0.23	0.226	0.17	0	1.438	10072	0.23
14	0.48	0.23	0.226	0.17	0	1.824	10073	0.177
15	0.48	0.23	0.226	0.17	0	1.973	10074	0.16
16	0.48	0.23	0.226	0.17	0	2.496	10075	0.114
17	0.48	0.23	0.226	0.17	0	2.627	10076	0.105

Çizelge 4.9: Son adımda GDR değişken katsayıları ve kolinearite tanısı.

Model 17	Standardize edilmemiş kats.				Kolinearite istatistikleri			
	B	Std. Hata	T	sig.	tolerans	VİF	Eigen değeri	Condition İndeks
(sabit)	1.018	0.003	397.8	0			8.945	1.000
log17866_t	0.004	0.002	2.228	0.026	0.324	3.090	2.228	2.004
log17908_t	0.008	0.001	5.466	0	0.436	2.295	1.679	2.308
log17908_t1	0.005	0.001	3.602	0	0.503	1.988	1.231	2.695
log17908_t2	0.004	0.001	3.121	0.002	0.504	1.984	0.91	3.136
log17908_t3	0.004	0.001	3.118	0.002	0.563	1.778	0.704	3.565
log17908_t4	0.004	0.001	3.221	0.001	0.566	1.768	0.546	4.049
log17908_t5	0.005	0.001	3.625	0	0.565	1.769	0.516	4.163
log17908_t6	0.006	0.001	4.919	0	0.566	1.765	0.455	4.432
log17840_t	0.006	0.002	2.933	0.003	0.289	3.464	0.406	4.693
log17840_t1	0.004	0.002	2.077	0.038	0.328	3.047	0.392	4.779
log17840_t2	0.003	0.002	1.912	0.056	0.334	2.996	0.336	5.163
log17837_t6	0.005	0.002	2.593	0.01	0.359	2.788	0.285	5.599
log17802_t	0.008	0.002	4.677	0	0.402	2.490	0.267	5.785
log17802_t1	0.007	0.002	4.126	0	0.397	2.518	0.255	5.927
log17802_t2	0.006	0.002	3.619	0	0.399	2.504	0.208	6.558
log17802_t3	0.009	0.001	6.164	0	0.641	1.561	0.178	7.097
log17802_t4	0.009	0.001	6.192	0	0.641	1.561	0.168	7.299
log17802_t5	0.007	0.001	5.149	0	0.638	1.568	0.149	7.735
log17802_t6	0.008	0.002	4.401	0	0.38	2.631	0.143	7.901

4.4 Gecikme Zamanının Yapay Sinir Ağı Modelleri İle Bulunması

Havza sistemleri nonlineer davranış göstermektedir. Gecikme zamanı araştırılırken non lineer ilişkileri modellemede başarısı yüksek olan yapay sinir ağı modelleri ile yağış-akış ilişkisi araştırılmıştır.

Yapay sinir ağları modelleri üzerinde bağımsız değişken önem analizi birçok araştırmacı tarafından kullanılmıştır (Olden ve diğ., 2002, 2004; Martinez ve diğ., 1999; Paliwal ve diğ., 2011; Vasilakos ve diğ., 2008). Bağımsız değişken önem katsayısı (BDÖK), girdilerin değişiminin çıktı üzerinde meydana getirdiği değişimin ölçüsüdür. Bu süreç yapay sinir ağı modelinin belli hata şartları altında ulaştığı uygun modelde girdi ara katman ve çıktı katmanları bağlantılarının nihai ağırlıklarına dayanmaktadır.

Aynı girdiler ve çıktılar ile çalışıldığında YSA modelleri, farklı başlangıç ağırlıkları atanması sebebi ile her defasında farklı sonuçlar vermektedir. Bu durumun olumsuz etkisini aşmak amacıyla aynı şartlarda birçok kez YSA modeli çalıştırılmış ve tüm modellerin bağımsız değişken önem katsayılarının ortalama değeri alınmıştır.

Literatürde YSA kullanılarak debi tahmini yapılan çalışmaların hemen hepsinde modeli eğitmek için debiler t-n güne kadar ötelenerek girdi katmanında kullanılmaktadır. Çalışmanın bu aşamasında amacımız yağış istasyonlarının verilerinin çıkış debisi ile ilişkisinin incelenmesi ve her istasyon için uygun gecikme süresinin hesaplanması olduğu için debi serisi girdi katmanında kullanılmamış sadece yağış serileri t-n'e kadar ötelenerek kullanılmıştır.

Uygun YSA mimarisini seçebilmek için çok katmanlı (MLP) yapay sinir ağı modelleri denenmiştir. Modellerde genelde veriler eğitim, test ve gizlenen kısım olmak üzere üç kısma ayrılmıştır. Eğitim için ayrılan verilerle YSA eğitilirken, test için ayrılan veriler ayrı bir veri seti olup bu veri seti üzerinde eğitim hataları izlenmekte ve YSA için istenmeyen bir durum olan aşırı eğitilme (overtraining) minimize edilmeye çalışılmaktadır. Gizlenen veriler (holdout) ise test verileri gibi model kurulumundan (eğitiminden) bağımsız finalde doğru ağırlıklar ve modele karar verilmesine yarayan ayrılmış verilerdir. YSA modelinin tahmin başarısı hakkında en dürüst bilgiyi, gizlenen veriler için tahmin edilen ve gerçek verilerin ilişkisi vermektedir, çünkü bu kısımdaki veriler ne eğitim ne test aşamasında modelde kullanılmamıştır (IBM, 2010).

Verilerin bu şekilde ayrılmasında 3 yaklaşım benimsenmiştir. Birincisinde veriler % 70 eğitim, % 30 test oranını koruyacak şekilde rastgele seçim ile ayrılmıştır. İkincisinde, zaman serisininde ilk 6098 veri eğitim, 3000 veri test için ayrılmış, 997 veri ise gizlenmiştir. Üçüncü yaklaşımda ise zamandan bağımsız olarak veri serisi bernolli olasılık dağılımına göre üçe bölünmüştür. Bu ayrım sonucu 5677 veri eğitim, 1426 veri test, 2992 veri ise gizlenmiştir.

Üçüncü yaklaşımın avantajı; birincinin aksine, her model işletilmesinde olasılık dağılımına göre seçilen bu değerlerin belli olmasıdır. Böylece modellerin tahmin başarısını karşılaştırırken rastgele seçimin keyfiliğinin sonuçları etkilemesinin önüne geçilmiş olunmaktadır. İkinci yaklaşımla kıyaslanırsa ise seride zamana bağlı bir trend var ise bunun sonuçları etkilemesi önlenmiş olmaktadır. Kurulan YSA modellerinin başarıları yaklaşım 2 ve 3'e göre bölünmüş veriler ile gözlenen değerlerin korelasyon katsayıları kıyaslanarak ve bağıl hatalar gözönünde bulundurularak değerlendirilmiştir. Bu şekilde 35 girdili 17 YSA modeli kurulmuştur. Bu modellerde girdi katmanı ile ara katmanlar arasında aktivasyon fonksiyonu olarak hiperbolik tanjant ve sigmoid fonksiyonu kullanılırken ara katmanlar ile çıktı arasında ise hiperbolik tanjant, sigmoid, ve identity fonksiyonları kullanılmıştır.

Hiperbolik tanjant fonksiyonu;

$$\gamma(c) = \tanh(c) = \frac{e^{c}-e^{-c}}{e^{c}+e^{-c}} \qquad \textbf{(4.5)}$$

formunda olup gerçek değerleri (–1, 1) aralığına çekerken, sigmoid fonksiyonu;

$$\gamma(c) = {}^{1}/_{1} + e^{-c} \qquad \textbf{(4.6)}$$

formunda olup değerleri (0, 1) aralığına dönüştürmektedir. İdentity fonksiyonu ise;

$$\gamma(c) = c \qquad \textbf{(4.7)}$$

formunda ifade edilen ve gerçek değerler üzerinde herhangi bir değişim yapmayan fonksiyon olarak tanımlanmaktadır.

Yapay sinir ağı modeli eğitilirken online eğitim metodu seçilmiştir. Bu metot büyük data yığınları ile yapılan çalışmalarda YSA nın eğitilmesinde verimli olduğu için tavsiye edilmektedir (IBM, 2010). Kurulan YSA'ların performansları gizlenen veriler üzerinde veya (gizlenen veri yoksa) modelde test için ayrılmış veri üzerinde hesaplanan bağıl hatalar üzerinden kıyaslanmıştır. Ayrıca tahmin başarısını görebilmek için tahmin edilen değerler ile gerçek değerlerin dağılım grafikleri çizilmiş ve pearson korelasyon katsayıları hesaplanmıştır.

YSA modellerinin türleri, çıktı katmanında kullanılan bağımsız değişkenler, kurulanYSA mimarileri, ara çıktı katmanı aktivasyon fonksiyonları, modellerin bölümlendirilmelerine göre bağıl hataları ve gözlenen değerler ile korelasyon katsayıları çizelge 4.10'da görülebilir. Çizelge 4.10'da görüldüğü gibi çok katmanlı YSA modelleri arasında girdi ara katman ve ara katman çıktı aktivasyon fonksiyon takımı olarak sigmoid-sigmoid ikilisi diğer fonksiyonlara göre daha başarılı tahminler yapmıştır. Ayrıca iki kısımlandırma yaklaşımı da birbirine benzer sonuçlar verdiği görülmektedir.

Denenen YSA modelleri kıyaslandığında 1 ara katman ve 10 elemanlı YSA mimarisinin göreceli olarak daha iyi sonuçlar verdiği görülmektedir.

Çizelge 4.10: YSA modelleri özet tablosu.

Model numarası		1	2	3	4	5	6	7	8	9	10	11	12	13	14	15	16	17
YSA türü ve modelde kullanılan bağımsız değişken		MLP _Q	MLP _Q	MLP _Q	MLP _Q	MLP _Q	MLP _Q	MLP _Q	MLP _Q	MLP _Q	MLP _Q	MLP _Q	MLP_ Q	MLP _Q	MLP _Q	ML P_Q	MLP _ log Q	MLP _ log Q
Ara katman aktivasyon fonksiyonu		Hip. tan	Hip. Tan	Hip. Tan	Sig.	Sig.	Sig.	Sig.	Hip. Tan	Hip. Tan	Hip. Tan	Hip. tan	Hip. tan	Sig.	Sig.	Sig.	Sig.	Sig.
Çıktı katmanı aktivasyon fonksiyonu		identity	İdentit y	İdentit y	Sig.	Sig.	Sig.	Sig.	Hip. Tan	Hip. Tan	Hip. Tan	Hip. tan	Hip. tan	Sig.	Sig.	Sig.	Sig.	Sig.
Ara katman sayısı		1	1	1	1	2	2	2	1	1	1	1	1	1	1	1	1	1
Ara katmanda yer alan birim sayısı		6	7	10	10	10-8	10-8	10-8	10	10	10	10	10	10	10	10	10	10
Verilerin bölümlere ayrılması	Eğitim verisi	6098	5677	5677	6098	6098	6098	6098	6098	6098	7062	7187	7113	7085	5677	5677	5677	6098
	Test verisi	3000	1426	1426	3000	3000	3000	3000	3000	3000	3033	2908	2982	3010	1426	1426	1426	3000
	Gizlenen veriler	997	2992	2992	997	997	997	997	997	997	0	0	0	0	2992	2992	2992	997
Test verilerinin	Hata kareleri toplamı	414	4589	4484	0.14	0.13	0.12	0.13	0.5	0.56	0.89	0.86	0.8	0.2	19.4	19.1	21.57	24.49
	Bağıl hata	0.97	0.99	0.96	0.98	0.97	0.87	0.93	0.9	1	0.96	0.96	0.95	0.91	0.95	0.94	0.86	0.9
Gizlenen verilerin	Bağıl hata	0.98	0.94	0.88	1.04	0.95	0.89	0.99	0.95	1.26	--	--	--	--	0.92	0.93	0.9	0.9
Gözlenen veriler ile korelasyon kats. (yaklaşım 2)	Eğitim verisi	0.21	0.26	0.38	0.33	0.28	0.35	0.35	0.29	0.29	0.28	0.23	0.35	0.32	0.37	0.35	0.32	0.42
	Test verisi	0.11	0.17	0.21	0.17	0.23	0.2	0.19	0.26	0.27	0.23	0.14	0.21	0.25	0.26	0.17	0.36	0.45
	Gizlenen veriler	0.17	0.27	0.34	0.32	0.25	0.34	0.31	0.22	0.28	0.25	0.24	0.29	0.3	0.34	0.35	0.29	0.39
Gözlenen veriler ile korelasyon kats. (yaklaşım 3)	Eğitim verisi	0.15	0.21	0.28	0.25	0.23	0.26	0.25	0.26	0.25	0.23	0.18	0.26	0.26	0.29	0.26	0.32	0.42
	Test verisi	0.2	0.27	0.4	0.32	0.28	0.38	0.36	0.28	0.32	0.31	0.25	0.34	0.34	0.39	0.37		
	Gizlenen veriler	0.18	0.24	0.35	0.26	0.3	0.33	0.29	0.17	0.3	0.26	0.19	0.32	0.28	0.37	0.29	0.32	0.35

4.4.1 YSA modelleri üzerinden girdilerin önem analizi

YSA modeli üzerinde -girdi katmanında yer alan değişkenlerin çıktı üzerindeki etkisinin değişimine bağlı olarak bulunan- girdi elemanlarının önem derecesi YSA'nın eğitim esnasında sürekli değişerek öğrendiği ve nihai halini aldığı son durumdaki ağırlıklar üzerinden yapılmaktadır.

Çalışmada kullanılan SPSS programı ile YSA modellerinde önem analizi yapılırken, kurulan modelde girdi katmanındaki her hücreye diğer hücreler sabit tutularak değerler atanmaktadır. Atanan bu değerler test veri setinin minimum ve maksimum değerleri arasındaki değerlerdir. Bu sırada çıktının minimum ve maksimum değerleri kayıt altına alınmaktadır. Değer atama işlemi ardından çıktı değişimi hesaplanmakta ve incelenen hücreye değişim büyüklüğüne göre 0, 0.25,0.5,0.75 ve 1 değerlerinden biri verilmektedir. Bu şekilde tüm hücreler diğerleri sabitlenerek işlendikten sonra değişkeni oluşturan hücrelerin ortalama değerleri bağımsız değişkenin önem katsayısı olarak tespit edilmektedir (İBM, 2010). Bu süreç oldukça çok zaman almaktadır.

Literatürde YSA bağlantı ağırlıklarının analizine dayanan daha basit metotlar oldukça yaygındır. Garson (1991) algoritması ve Tchaban ve diğ. (1998) tarafından ortaya koyulan Ağırlık çarpım (weight product-WP) metotları bu metotların en bilinenleridir.

YSA eğitiminde atanan ilk ağırlıkların rastgele olması ve YSA'nın eğitiminin her denemede farklı şartlarda kesilmesi sonucu her model küçük farklar ile değişik önem katsayıları vermektedir. Bu yüzden girdi değişkenlerinin önem sıralaması SPSS yöntemi ile bulunan önem katsayılarının ortalamaları alınarak bulunmuştur. 1801 nolu havzada 17 modelin ortalaması alınarak bulunan, 35 adet bağımsız değişkenin önem katsayıları ve ortalamaları çizelge 4.11'de görülebilir. Diğer havzalar için kurulan YSA modellerinin ortalama bağımsız değişken önem katsayıları (BDÖK) ise EK G' de görülebilir.

Çizelge 4.11: YSA modelleri bulunan BDÖK.

Girdi	Model 17	Model 16	Model 15	Model 14	Model 13	Model 12	Model 11	Model 10	Model 9	Model 8	Model 7	Model 6	Model 4	Model 3	Model 2	Model 1	Ort	Sıralanmış Veriler	Model Ort.	ORT BDÖK
T_6_17866	0.011	0.027	0.054	0.023	0.033	0.016	0.071	0.046	0.020	0.012	0.019	0.028	0.012	0.028	0.028	0.026	0.0284	1	T_1_ 17840	0.0417
T_5_17866	0.012	0.016	0.048	0.014	0.033	0.086	0.009	0.038	0.035	0.028	0.021	0.012	0.016	0.017	0.024	0.032	0.0276	2	T_17840	0.0375
T_4_17866	0.006	0.012	0.018	0.013	0.028	0.012	0.018	0.012	0.015	0.007	0.070	0.068	0.011	0.028	0.021	0.028	0.0230	3	T_1_17802	0.0359
T_3_17866	0.070	0.037	0.054	0.042	0.033	0.046	0.018	0.021	0.031	0.014	0.018	0.010	0.014	0.054	0.032	0.034	0.0331	4	T_17802	0.0344
T_2_17866	0.036	0.0163	0.013	0.014	0.039	0.032	0.038	0.054	0.029	0.013	0.078	0.017	0.059	0.027	0.030	0.022	0.0323	5	T_1_17866	0.0342
T_1_17866	0.042	0.0161	0.053	0.083	0.026	0.031	0.009	0.023	0.018	0.088	0.011	0.027	0.035	0.027	0.029	0.027	0.0342	6	T_2_17840	0.0339
T_17866	0.058	0.019	0.031	0.014	0.038	0.026	0.016	0.017	0.021	0.044	0.036	0.024	0.047	0.013	0.031	0.053	0.0306	7	T_3_17866	0.0331
T_6_17908	0.004	0.013	0.020	0.043	0.032	0.065	0.010	0.014	0.020	0.022	0.014	0.012	0.046	0.023	0.030	0.024	0.0244	8	T_5_17840	0.0327
T_5_17908	0.030	0.018	0.014	0.013	0.034	0.028	0.027	0.025	0.034	0.028	0.014	0.037	0.018	0.026	0.027	0.023	0.0247	9	T_5_17837	0.0324
T_4_17908	0.008	0.049	0.017	0.045	0.030	0.014	0.021	0.048	0.036	0.028	0.040	0.024	0.021	0.025	0.026	0.071	0.0316	10	T_2_17866	0.0323
T_3_17908	0.029	0.025	0.019	0.014	0.026	0.011	0.032	0.010	0.032	0.014	0.021	0.030	0.017	0.021	0.024	0.025	0.0219	11	T_1_17908	0.0321
T_2_17908	0.013	0.048	0.012	0.030	0.022	0.020	0.026	0.011	0.016	0.018	0.016	0.015	0.018	0.026	0.029	0.038	0.0224	12	T_4_17908	0.0316
T_1_17908	0.022	0.017	0.043	0.029	0.038	0.018	0.014	0.034	0.055	0.066	0.012	0.041	0.014	0.035	0.046	0.029	0.0321	13	T_4_17802	0.0307
T_17908	0.027	0.041	0.022	0.015	0.027	0.045	0.025	0.022	0.020	0.029	0.013	0.012	0.024	0.031	0.027	0.023	0.0251	14	T_17866	0.0306
T_6_17840	0.009	0.034	0.031	0.016	0.029	0.012	0.055	0.009	0.064	0.027	0.012	0.013	0.011	0.021	0.027	0.029	0.0249	15	T_4_17837	0.0293
T_5_17840	0.018	0.013	0.026	0.082	0.029	0.014	0.015	0.036	0.017	0.072	0.031	0.012	0.060	0.045	0.023	0.029	0.0327	16	T_17837	0.0293
T_4_17840	0.013	0.021	0.032	0.028	0.020	0.016	0.015	0.040	0.024	0.047	0.017	0.011	0.014	0.022	0.032	0.033	0.0240	17	T_2_17837	0.0293

Girdi	Model 17	Model 16	Model 15	Model 14	Model 13	Model 12	Model 11	Model 10	Model 9	Model 8	Model 7	Model 6	Model 4	Model 3	Model 2	Model 1	Ort	Sıralanmış Veriler	Model Ort	ORT BDÖK
T_3_17840	0.015	0.050	0.010	0.047	0.022	0.016	0.036	0.027	0.018	0.010	0.037	0.021	0.016	0.048	0.029	0.023	0.0266	18	T_6_17866	0.0284
T_2_17840	0.024	0.035	0.016	0.022	0.025	0.032	0.014	0.020	0.030	0.122	0.027	0.089	0.011	0.024	0.029	0.023	0.0339	19	T_6_17802	0.0278
T_1_17840	0.058	0.048	0.015	0.058	0.035	0.058	0.047	0.014	0.039	0.054	0.032	0.087	0.032	0.031	0.031	0.028	0.0417	20	T_5_17866	0.0276
T_17840	0.009	0.011	0.063	0.029	0.024	0.055	0.096	0.049	0.083	0.014	0.039	0.013	0.021	0.042	0.029	0.023	0.0375	21	T_3_17840	0.0266
T_6_17837	0.011	0.025	0.010	0.026	0.023	0.046	0.017	0.012	0.016	0.008	0.013	0.013	0.009	0.031	0.026	0.030	0.0198	22	T_5_17802	0.0254
T_5_17837	0.060	0.016	0.030	0.024	0.023	0.008	0.015	0.052	0.013	0.012	0.045	0.031	0.119	0.032	0.022	0.018	0.0324	23	T_17908	0.0251
T_4_17837	0.036	0.041	0.050	0.015	0.024	0.081	0.025	0.025	0.013	0.017	0.014	0.024	0.012	0.032	0.032	0.030	0.0293	24	T_6_17840	0.0249
T_3_17837	0.002	0.031	0.026	0.010	0.031	0.014	0.041	0.016	0.040	0.018	0.034	0.025	0.006	0.020	0.026	0.019	0.0224	25	T_5_17908	0.0247
T_2_17837	0.052	0.045	0.018	0.014	0.033	0.010	0.023	0.036	0.105	0.015	0.013	0.012	0.013	0.023	0.034	0.024	0.0293	26	T_6_17908	0.0244
T_1_17837	0.007	0.046	0.013	0.016	0.026	0.033	0.019	0.036	0.008	0.059	0.013	0.017	0.014	0.018	0.025	0.029	0.0236	27	T_3_17802	0.0240
T_17837	0.036	0.029	0.026	0.032	0.026	0.024	0.047	0.009	0.023	0.021	0.057	0.048	0.022	0.027	0.029	0.011	0.0293	28	T_4_17840	0.0240
T_6_17802	0.038	0.015	0.015	0.025	0.019	0.029	0.009	0.099	0.016	0.012	0.017	0.061	0.026	0.013	0.025	0.022	0.0278	29	T_1_17837	0.0236
T_5_17802	0.046	0.018	0.015	0.015	0.035	0.016	0.056	0.033	0.031	0.018	0.013	0.020	0.010	0.027	0.030	0.024	0.0254	30	T_2_17802	0.0232
T_4_17802	0.078	0.046	0.021	0.028	0.032	0.015	0.053	0.036	0.012	0.015	0.035	0.015	0.019	0.034	0.027	0.026	0.0307	31	T_4_17866	0.0230
T_3_17802	0.044	0.022	0.038	0.021	0.028	0.023	0.011	0.009	0.011	0.007	0.011	0.025	0.066	0.019	0.028	0.022	0.0240	32	T_3_17837	0.0224
T_2_17802	0.037	0.018	0.009	0.046	0.024	0.012	0.025	0.020	0.020	0.008	0.014	0.027	0.017	0.037	0.032	0.024	0.0232	33	T_2_17908	0.0224
T_1_17802	0.017	0.027	0.056	0.029	0.025	0.023	0.033	0.021	0.022	0.017	0.095	0.032	0.066	0.035	0.028	0.049	0.0359	34	T_3_17908	0.0219
T_17802	0.019	0.055	0.064	0.024	0.027	0.014	0.011	0.028	0.013	0.017	0.052	0.046	0.084	0.038	0.029	0.029	0.0344	35	T_6_17837	0.0198

Çizelge 4.11 (devam): YSA modelleri bulunan BDÖK.

4.5 Havzalar için geçiş süresine karar verilmesi

Regresyon modellerinde değişkenin regresyona dâhil edilmesi ve regresyondan ayrılmasında karar ölçeği t kritik değeri alınmaktadır. Bu yüzden regresyon çıktılarında girdi ve çıktı arası ilişkinin mahiyetinin değerlendirmesinde regresyon katsayılarının (B) yanı sıra t değerleri de irdelenmiştir. T değeri bağımsız değişken ile bağımlı değişkenin arasındaki ilişkinin gücünü betimlemektedir. T değerinin +2,- 2 ve üzerinde olması regresyon çıktısı ile kuvvetli bir ilişki olduğunu göstermektedir (SPSS App., 1999).

Gecikme sürelerine, her metotla bulunan sonuçlar arasından, her bir istasyon için debi ile ilişkisi en güçlü 2 veri serisi seçilerek karar verilmiştir. Sonuçlar arasında karar verirken, farklı metotların aynı sonucu vermesinin yanında görsel değerlendirmeler de etkili olmuştur. Çizelge 4.12'de çoklu regresyon modelleri ile bulunan t ve B katsayıları ve YSA modelleri sonucu bulunan bağımsız değişken önem katsayıları görülmektedir. Her istasyon için metotların öne çıkardığı gecikme zamanları ve karar verilen değerler tablonun son iki sütununda görülebilir. Yapılan çalışma kapsamında her havza için hazırlanmış olan gecikme süresi karar çizelgeleri EK H'da görülebilir. İstatistiksel olarak bulunan sonuçlar havzanın fiziği göz önüne alınarak yorumlandığında 1801 havzasında alansal yağış hesaplanırken 17802, 17908, 17840, 17837, 17866 nolu YGİ istasyonları için geciktirme süresinin sırasıyla 4-1-1-6-0 gün alınması uygun görülmektedir. Yağış istasyonlarının 2435 km^2' lik 1801 havzası civarında coğrafi dağılımları ise şekil 4.4'de görülebilir.

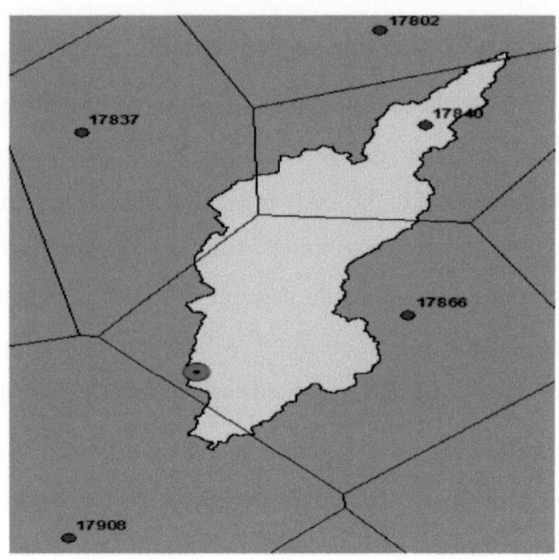

Şekil 4.4: Havza 1801 akım ve yağış gözlem istasyonları yerleri.

Çizelge 4.12:1801 nolu havzada gecikme süresine karar şeması.

		GDR				AAR				YSA		Karar şeması	Karar
	sıra	Girdi	B		T	Girdi	B		T		BDÖK	t=0,t_1=1,.t_6=7	
17802	1	17802_t3	0.009	17802_t4	6.192	17802_t4	0.009	17802_t4	6.142	17802_t1	0.036	3,4-4,3-4,2-4,2-1,0	4
	2	17802_t4	0.009	17802_t3	6.164	17802_t2	0.008	17802_t2	5.960	17802_t	0.034		
17908	1	17908_t	0.008	17908_t	5.466	17908_t	0.008	17908_t	5.466	17908_t1	0.032	0,6-0,6-0,6-0,2-1,4	0
	2	17908_t6	0.006	17908_t6	4.919	17908_t6	0.006	17908_t2	3.827	17908_t4	0.032		
17840	1	17840_t	0.006	17840_t	2.933	17840_t	0.006	17840_t	2.931	17840_t1	0.042	0,1-0,1-0,1-0,1-1,0	1
	2	17840_t1	0.004	17840_t1	2.077	17840_t1	0.004	17840_t1	2.264	17840_t	0.038		
17837	1	17837_t6	0.005	17837_t6	2.593	17837_t6	0.005	17837_t6	2.642	17837_t5	0.032	6-6-6-6-5,4	6
	2	--	--	--	--	--	--	--	--	17837_t4	0.029		
17866	1	17866_t	0.004	17866_t	2.228	17866_t	0.004	17866_t	2.220	17866_t1	0.034	0-0-0-0-1,3	0
	2	--	--	--	--	--	--	--	--	17866_t3	0.033		

5. ALANSAL YAĞIŞIN BULUNMASI

5.1 Literatür özeti

Yağış gözlem istasyonlarında yapılan ölçümler belli zaman dilimlerinde yağış miktarının noktasal ölçümleridir. Noktasal yağış ölçümleri sadece çok kısıtlı bir alandaki (10 – 100 km^2) yağış karakteristiğini yansıtabilmektedir. Daha büyük alanlarda yapılan çalışmalarda alansal ortalama yağışların kullanılması gerekmektedir. Çalışma bölgesinde çeşitli yerlere dağılmış istasyonların yağış verilerinden ortalama alansal yağışın tahmini topoğrafyaya, yağışa sebep olan fırtınanın hareketine ve yapısına bağlı olduğu gibi kullanılan yöntem kabullerine de bağlıdır. Huff ve Neil. (1957), Stout (1960), Jackson (1972) ve Summer (1988) çalışmalarında yağışın bölgesel dağılışını incelemişlerdir. Bu çalışmalarda bölgesel yağıştaki değişimlerin yağışı oluşturan süreçlerin gelişimine, yağışın tipine ve bunlara ilaveten yerel veya bölgesel yüzey şekilleri ve rüzgâr yönüne bağlılıkları incelenmiştir.

Noktasal yağışlardan alansal ortalama yağışlara geçmek için literatürde pek çok yöntem uygulanmıştır. Daly ve diğ.(1994) noktasal yağışı alana dağıtma ve alansal yağışı hesaplama metotlarını grafik, nümerik ve topoğrafik metotlar olmak üzere 3 ana gruba ayırmıştır:

Grafik metotlar; Aritmetik Ortalama ve Ağırlıklı Ortalama Yöntemleri olarak ikiye ayrılmaktadır. Aritmetik Ortalama Yöntemi istasyonların her birinin eşit etki alanına sahip olduğu kabulü üzerine kurulmuştur. Aritmetik Ortalama Yönteminin uygulanmasında daha doğru sonuçlar elde edebilmek için o bölgenin topografyasının düz olması, diğer bir deyişle yükseltilerin fazla olmaması, istasyonlar arasındaki yağış farklarının küçük olması ve bağıl hatanın %5 - %10'dan küçük olması gereklidir (Turunçoğlu ve diğ, 1999). Ağırlık Ortalama Yöntemlerinin en bilinenleri; İsohiyet, Theissen, Üçgen metotlarıdır

Nümerik metotlar ise kendi içinde deterministik ve jeoistatistik metotlar olarak ikiye ayrılabilir (Johansson ve diğ, 2003). Deterministik metotlar çoğunlukla bilinmeyen bir noktadaki yağışı tahmin için matematiksel formüller önerme veya yakın gözlem verileri ile benzerlikler kurarak tahmin yapma esaslarına dayanmaktadır. Jeoistatistik metotlar ise bilinmeyen noktalarda yağış tahminleri yapılırken hem matematiksel hem de istatistik bağıntıların kullanıldığı yöntemlerdir. Tabios ve Salas (1985) pek çok alansal yağış dağılımı metodunu karşılaştırmış ve Kriking metodu gibi Jeoistatistiksel metotların Thiessen ve uzaklığa göre ağırlıklı dağıtım metoduna (IDM) göre daha üstün olduğu sonucuna varmıştır. Fakat bu yöntemler, çok veri ve hesaplama zamanı istemeyen klasik yöntemlere göre pratik değillerdir (Friedler, 2003). Bu yöntemlerin iyi sonuçlar vermesi için mutlaka çok sayıda istasyona ve veri kayıtlarına ihtiyaç vardır. Hevesi ve diğ. (1992 a, b) dağlık alanlarda çok değişkenli jeoistatiksel yöntemlerin verimini incelemiş ve gözlem istasyonlarının birbirlerinden çok uzak olduğu, yağış davranışının mekâna göre ciddi değişiklikler gösterdiği durumlarda bu yöntemlerin gerçekçi tahminler vermediği sonucuna varmışlardır. Kedem ve diğ. (1990) uydu görüntüleri ve istatistiksel modeller kullandıkları çalışmalarında yağış yoğunluğu ve miktarı arttıkça yağışın etkin olduğu alanın azaldığını ispatlamışlarıdır.

Literatürde istatistiksel yöntemlerin arasında sayılabilecek Matheron (1963) tarafından ileri sürülen "bölgesel değişken" kavramına dayanan yöntemler kullanılmaktadır. Bu yöntemler içinde çalışmada da kullanılan

Alansal Azaltma Faktörüne (AAF) dayanan yöntemler geniş bir kullanım alanına sahiptir (Bell, 1976; Omolayo, 1993; A.B.D. Havacılık Dairesi, 1957; Siriwardena, 1996; Einfalt ve diğ., 1998; Durrans ve diğ, 2002; Rakhecha ve Clark, 2002).

Bu metotlardan hangisinin kullanılacağı metodun çalışılan bölge üzerinde verimliliğine, topoğrafik haritaların elde edilip edilememesine, kullanım kolaylığına ve araştırmacının hangi hassasiyette çalışmak istediğine göre değişebilir. Hangi metot kullanılırsa kullanılsın ilk şart kullanılan verilerin güvenilir olmasıdır. Kullanılan yöntemin başarısını etkileyen en önemli faktör incelenen alan üzerinde yağış ölçümlerinin yoğun ve kısa zaman aralıklarındaki değişimleri yansıtacak şekilde yapılmasıdır. Son yıllarda radar verilerinin kullanılması bu alanda önemli bir gelişme olmakla beraber bu verilerin elde edilmesi ve işlenmesi şu an masraflı ve zordur.

5.2 Alansal ortalama yağışın hesaplanmasında kullanılan metotlar

Elimizde yağış gözlem istasyonlarına ait günlük toplam yağış yüksekliği verileri mevcuttur. Çalışmada;

- İncelenen havza alanlarının çok değişken ve büyük olması,
- Çalışma alanı civarında yağış istasyonlarının seyrek olması,
- Akış katsayısını hesaplamak için kurulacak modelin işletilmesinde günlük hassasiyette yağış dağılımlarının gerekmesi,
- Uygulama kolaylığı,

gibi sebeplerden ötürü grafik ve nümerik yöntemler içinde kabul edilebilecek yöntemler kullanılmıştır. Bu yöntemler klasik *Thiessen çokgenleri metodu* (TM), Thiessen Metodunun revize edilmiş hali olan *Revize edilmiş Thiessen metodu* (RTM) ve Alansal Azaltma katsayısı (Areal Reduction Factor- ARF) metotlarıdır.

5.2.1 Theissen çokgenleri metodu

Voronio poligonlarının yağış dağılımında kullanımı Thiessen Metodu (TM) olarak bilinmektedir. Bir plaka üzerinde verilmiş noktaların etrafında o noktaya ait kapalı bir hücre olduğu farzedilirse, bu hücrenin sınırları içinde kalan her bir noktanın elimizdeki referans noktaya uzaklığı diğer referans noktalara olan uzaklığından azdır. Bu şekilde noktalardan oluşmuş hücreye Voronio hücresi (Thiessen çokgeni) denmektedir.

Thiessen çokgenleri oluşturulurken, birbirine yakın referans noktalar doğru parçalarıyla birleştirilip orta dikmeler çizilir. Her bir ölçeğin çevresinde bu dikmelerin meydana getirdiği çokgenin o ölçekteki yağışla temsil edildiği kabul edilir. Böylece ağırlık bir ortalama ile ortalama yağış hesaplanır, her bir ölçeğin çevresinde kalan alanın yüzdesi o ölçekteki yağışa ağırlık olarak verilir.

Thiessen alansal ağırlıkları denklem ile ifade edelecek olursa;

$$\frac{A_i}{A_T} = w_i(i = 1,2,3,..n) \qquad \textbf{(5.1)}$$

$$\sum_i^n w_i = 1 \qquad \textbf{(5.2)}$$

A_i: i numaralı Thiessen çokgeninin alanı n: Yağış gözlem istasyonları sayısı

A_T: Toplam havza alanı w_i: i numaralı Yağış gözlem istasyonunun Thiessen ağırlık oranı.

Şekil 5.1 çalışma yapılan tüm havzaların Thiessen çokgenleri içinde konumlarını göstermektedir. Yağış gözlem istasyonu (YGİ) noktalarına ait thiessen çokgenleri içinde kalan havza parçalarının alanları ve Thiessen ağırlık oranları çizelge 5.1' de verilmektedir.

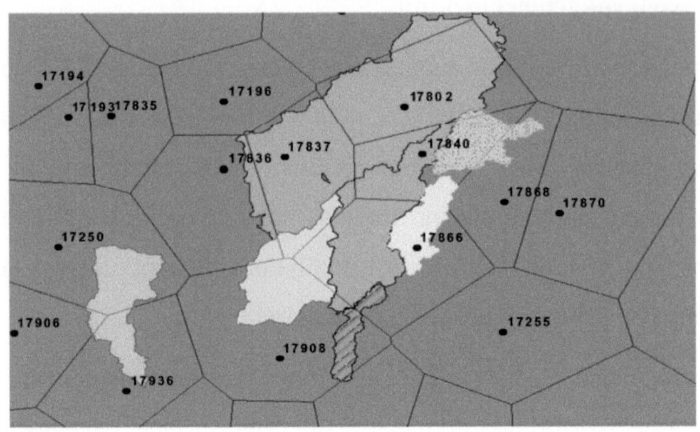

Şekil 5.1: Çalışılan havzalarınThiessençokgenleri ile bölünmüş hali.

Çizelge 5.1: Havzaların Thiessen alanları ve ağırlıkları.

Havza Kodu	YGİ Kodu	Alan (km^2)	Thiessen ağırlık oranı	Havza Kodu	YGİKodu	Alan (km^2)	Thiessen ağırlık oranı
	17866	1814.3	0.431		17868	257.0	0.266
	17908	1094.9	0.260	**2015**	17840	671.9	0.694
	17840	793.1	0.188		17802	38.8	0.040
1805	17837	389.9	0.093		17866	105.0	0.236
	17836	113.9	0.027	**2008**	17940	8.5	0.019
	17802	4.5	0.001		17908	332.1	0.745
	17250	890.2	0.625		17866	606.1	0.787
1820	17936	469.1	0.329	**2006**	17868	26.1	0.034
	17906	65.1	0.046		17840	137.5	0.179
	17162	291.6	0.044		17866	1475.1	0.607
	17840	452.6	0.068		17908	56.5	0.023
	17837	2279.1	0.343	**1801**	17837	102.1	0.042
1822	17836	290.4	0.044		17802	4.5	0.002
	17196	3.9	0.001		17840	793.1	0.326
	17802	3204.9	0.483				
	17762	119.3	0.018				

5.2.2 Revize edilmiş thiessen metodu

Summer (1988) çalışmasında geometrik yöntemler olarak da nitelendirilen gerek Thiessen çokgeni gerekse üçgen yöntemlerinin ortalama alansal yağışın hesaplanması için objektif çözümler sunmalarına rağmen yağış değişikliklerini ve topoğrafyayı hesaba katmadıklarını vurgulamıştır. Hâlbuki yağışın ve istasyonun etki alanının topografya ile büyük bir ilişkisi vardır. Bu nedenle bu yöntemler belirli kabuller altında geçerlidirler. Ülkemizde bu noktada çalışmalar yapılmış, Theissen ve üçgen yöntemlerine göre Yüzde Ağırlıklı Çokgen Yöntemi ve Yağış Ağırlıklı Alansal Ortalama Yöntemlerinin daha iyi çözümler getirdikleri ileri sürülmüştür (Şen, 1994, 1998; Turunçoğlu ve diğ, 1999). Bu yöntemler Thiessen yöntemine ait bir eksiklik olarak dile getirilen topoğrafyanın işin içine katılmaması ve yağış olmayan zamanlarda da etki alanı oluşturması noktalarında iyileştirmeler getirmektedir. Fakat bu yöntemler yağış alanının tespitinde pratik değillerdir. Thiessen metodunun en önemli eksikliklerinden biri de yağış miktarına göre etki alanlarının azalması gerektiği yaklaşımının göz ardı edilmesidir (Kedem ve diğ,1990).

Çalışmada sabit drenaj alanı kullanarak elde ettiğimiz aylık ve yıllık akış katsayısı değerlerinin çok küçük çıkması bizi yukarıda bahsedilen eksikliklerinden ötürü TM' nin olması gerekenden büyük alansal ortalama yağışlar verdiği sonucuna götürmüştür. Tabii ki alan büyüdükçe akış katsayısının azalmasının tek nedeni alansal yağışın fazla tahmini değildir fakat etkisi olduğu da muhakkaktır. Bu eksikliklerin etkisini azaltabilmek amacı ile Thiessen Metodu üzerinde bir düzenleme yapılmış ve yeni bir metod türetilmiştir. Çalışmada bu yönteme revize edilmiş Thiessen metodu (RTM) denecektir. Yapılan bu yenilemeyle, "yağış miktarına göre etki alanı azalmalıdır" yaklaşımı ve "yağış olmadığı dönemlerde etki alanı olmamalıdır" tespiti klasik Thiessen metodunda uygulanmıştır.

RTM'nin matematiksel türetilmesi için öncelikle Yağış istasyonlarının Thiessen ağırlık oranları (w_i) hesaplanmalı, ardından her bir istasyon için her gün, yağış ağırlık oranları (X_i) belirlenmelidir. Yağış ağırlık oranlarının yağış miktarına göre etki alanı azalacak şekilde hesaplanması matematiksel olarak ifade edilecek olursa;

$$\frac{Y_i}{Y_T} = K_i (i = 1,2,3,..n) \quad \textbf{(5.3)}$$

$$\frac{1-K_i}{(n-1)} = X_i \quad \textbf{(5.4)}$$

$$\sum_i^n X_i = 1 \quad \textbf{(5.5)}$$

Y_i: i istasyonunun yağış miktarı

Y_T: toplam yağış miktarı

K_i: yağış oranı

n: istasyon sayısı

X_i: i numaralı istasyonun yağış ağırlık oranı

şeklindedir. Ardından bu iki ağırlık oranının aritmetik ortalaması alınarak yeni bir ağırlık oranı bulunur. Bu yeni ağırlık oranı RTM ile alansal yağışın bulunmasında kullanılacaktır.

$$AO_{RTM} = \begin{Bmatrix} 0, & X_i = 0 \\ \sum_i^n \frac{(X_i + w_i)}{2}, & X_i \neq 0 \end{Bmatrix} (i = 1,2,3,..n) \quad \textbf{(5.6)}$$

$AO_{RTM=}$Revize Edilmiş Thiessen Metodu Ağırlık oranı

X_i: i numaralı istasyonun yağış ağırlık oranı

w_i: i numaralı Yağış gözlem istasyonunun Thiessen ağırlık oranı

n: istasyon sayısı

Böylece belirli bir zaman diliminde hiç yağış gözükmeyen bir istasyonun ağırlık oranı sıfır olmaktadır. Ayrıca yağış ağırlık oranlarının da ortalamaya katılması ile topoğrafya etkisi ve istasyon etki alanının yağışa göre azalması hesaplamalara dâhil edilmiştir.

Son olarak her bir istasyonun günlük yağış miktarları, RTM ağırlık oranları ile çarpılıp toplanarak günlük ortalama alansal yağış yüksekliği bulunmuştur.

5.2.3 Alansal Azaltma Faktörü

Alansal Azaltma Faktörü (AAF), Doğal Çevreyi Araştırma Konseyi (NERC, 1975) tarafından *"Belli bir süre ve dönüş periyodundaki noktasal yağışı aynı süre ve dönüş periyodundaki alansal yağışa çeviren katsayı"* olarak tanımlanmıştır. Denklem olarak ifade edilecek olursa belli bir dönüş aralığındaki alansal azaltma faktörü;

$$AAF_T = \frac{Y_A}{Y_N} \qquad \textbf{(5.7)}$$

Y_A:Alansal yağış (mm)

Y_N: Noktasal yağış (mm)

şeklinde ifade edilebilir. AAF için literatürde en yaygın kullanılmış denklem Amerikan meteoroloji dairesinin (1958 a, 1958 b) ülke geneli yağış verileri üzerinde yaptıkları istatistik çalışma sonucu türettikleri ampirik formüldür.

Alansal azaltma faktörleri yaygın olarak noktasal süre-şiddet-frekans eğrilerinden alansal süre-şiddet-frekans eğrilerine geçişte kullanılmaktadır (Olivera ve diğ., 2004). Son yıllarda çalışmalar özellikle hiç ölçümlerin olmadığı bölgelere bilinen AAF'lerin nasıl uygulanabileceği noktasında yoğunlaşmaktadır.

Omolaya (1993) Amerika Birleşik Devletlerinde 200-500 km^2 alanları arasındaki havzalarda 1 günlük yağışlara ait AAF'lerin Avustralya'da kullanılması noktasında çalışmıştır. Literatürde AAF kullanımı yaygın olmasına rağmen ülkemizde yeterli sayıda AAF çalışması yapılmamıştır. Tanımından ve denklem 5.7'den anlaşıldığı üzere AAF bir yağış istasyonunun verilerini alana dağıtmak için kullanılabilir. Özellikle istasyonların seyrek olduğu noktalarda veya hatalı ölçüm gibi sebeplerden ötürü alansal yağışın bir istasyon üzerinden bulunması tercih edildiğinde kullanılabileceği düşünülmektedir.

Çalışmada noktasal yağış veri setleri ile AAF kullanılarak alansal ortalama yağış hesaplanmıştır. Havza için AAF bulunurken çalışılan gözlem yılları için "Omalaya 1993" denklemi kullanılmıştır. Kendi adıyla anılan bu denklemi Omalaya (1993), A.B.D. Havacılık Dairesi tarafından kullanılan bir metodu revize ederek türetmiştir. Omalaya'nın revize ettiği haliyle bu yöntem seçilen bir süre için alansal yağışı hesaplarken theissen ağırlık katsayılarının (wi) kullanıldığı ampirik bir istatistiksel yöntem olarak tanımlanabilir. Denklemsel ifadesi;

$$AAF_{ist} = \frac{\sum_j \sum_i w_i \, U_i \, ij'}{\sum_j \sum_i w_i \, U_i \, ij} \quad \textbf{(5.8)}$$

Denklemde;

$U_i \, ij$ = j yılında i istasyonunda yıllık maksimum noktasal yağış değeridir

$U_i \, ij'$= j yılında alana maksimum yağışın düştüğü günde i istasyonunun noktasal yağış değeridir.

w_i = i istasyonunun Thiessen ağırlık katsayısıdır.

5.3 Farklı metotlarla bulunan alansal yağışların kıyaslanması

Çalışma yapılan havzalarda alansal yağışlar üç metot ile de bulunmuştur. AAF kullanılarak bulunan alansal yağışların tekil bir istasyonun verileri üzerinden bulunduğu ve bu istasyondaki ölçümlere bağlı olarak değiştiği bilinmektedir. Bu durum metot adına bir eksikliktir.

Şekil 5.2'de noktalı çizgilerle ifade edilen AAF yöntemi ile bulunmuş alansal yağışların diğer iki yönteme göre genelde daha küçük çıktığı görülmektedir. Bu durum omalaya yöntemi ile bulunan AAF katsayılarının alansal yağışı hesaplamada daha küçük değerler verdiğini göstermektedir. Bu durumun önemli bir sebebi de AAF metodunun tek bir yağış istasyonu verilerine bağımlı olarak sonuç vermesidir. Bu metodun sonuçlarının seçilen istasyon verilerinin keyfiliğine göre değişebilirliği göz ardıedilmemelidir. RTM ve TM ile bulunan alansal yağışların ise birbirlerine yakın sonuçlar verdiği görülebilir. Birbirine yakın alansal yağış sonuçları veren TM ve RTM metotlarının sonuçlarını kıyaslamak için çalışmada kullanılan veri seti (Bölüm 5'de bulunan gecikme süreleri kullanılmış veri seti) ve tüm yağış istasyonlarının t-inci zamanları eşlenerek meydana getirilen ikinci bir veri seti üzerinde iki metot tüm havzalarda uygulanmıştır. İki metodun verdiği alansal yağış yüksekliği sonuçlarının veri setleri değişimine ve havza alanlarına göre değişimi incelenmiştir. Şekil 5.3'te grafik (a) çalışmada kullanılan veri setinin, grafik (b) ise ikinci veri setinin sonuçlarını yansıtmaktadır. Grafiklerde metotlar ile bulunan aylık alansal yağış yüksekliklerinin ortalamaları ve ikincil eksenlerde her havza için RTM-TM sonuçlarının farkları yer almaktadır.

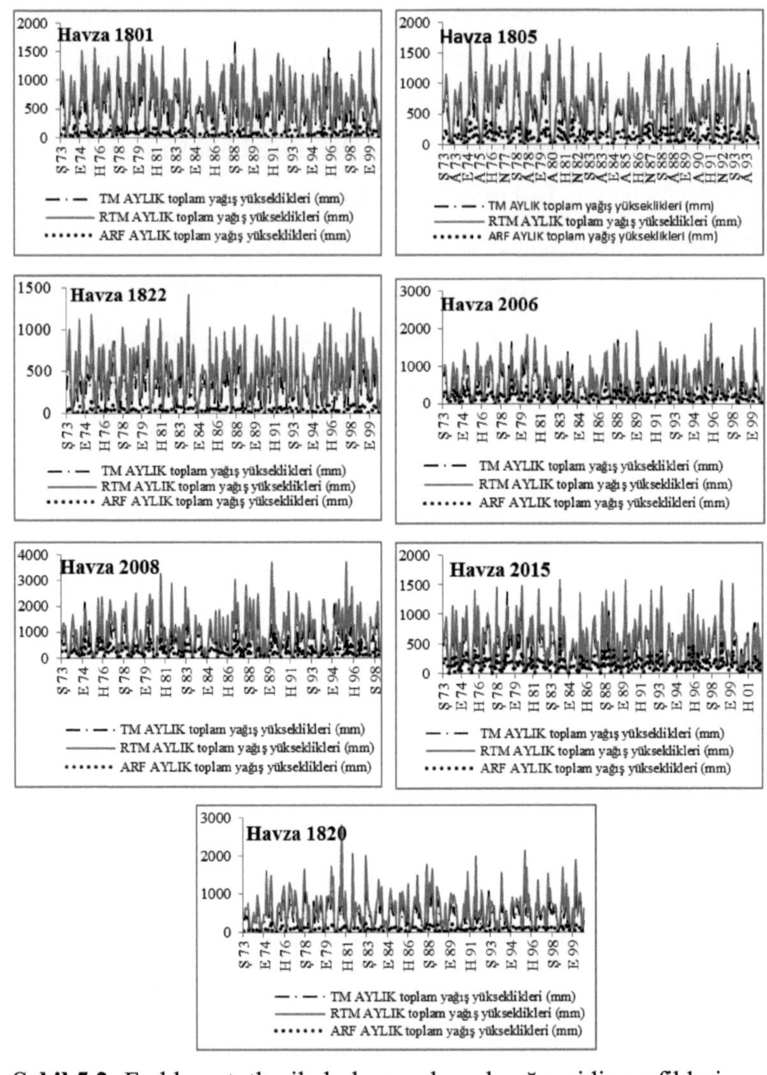

Şekil 5.2: Farklı metotlar ile bulunan alansal yağış gidiş grafikleri.

Grafikler incelendiğinde birinci veri seti ile yapılan çalışmada tüm havzalarda RTM metodu fazla alansal yağış hesaplaması yaparken ikinci veri seti ile yapılan çalışmada ise havzadan havzaya değişse de çoğunlukla TM sonuçlarının daha büyük çıktığı görülmektedir. Bu durum sonuçların kullanılan veri seti ve yağış istasyonlarının havzalar üzerinde kapladığı thiessen çokgenlerinin alanlarına bağlı olduğunu göstermektedir. Metotların karakteristiğine bağlı bir farklılığa rastlanmamıştır.

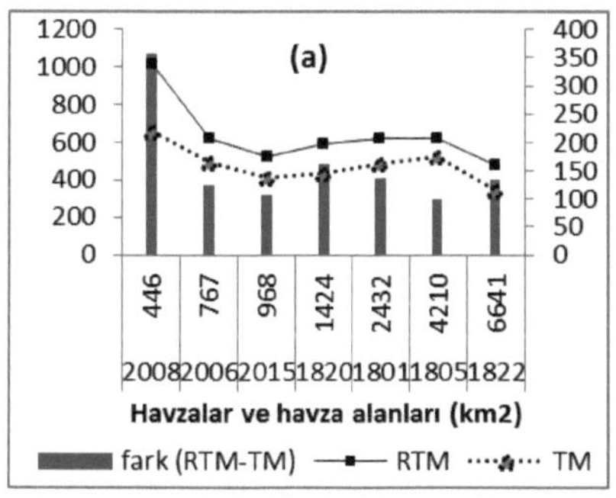

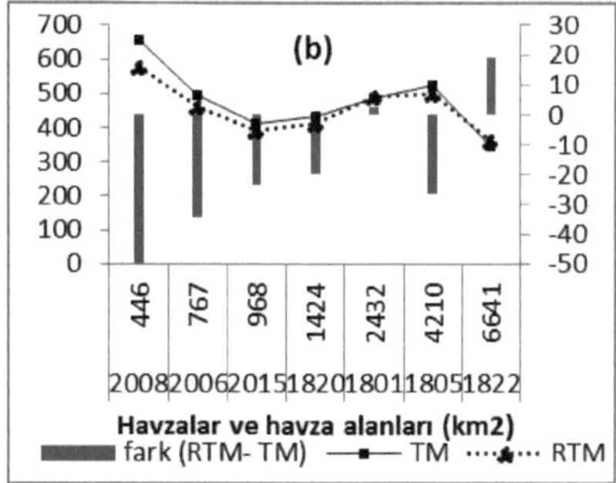

Şekil 5.3: TM ve RTM yağış yüksekliklerinin alana göre değişimi.

RTM ve TM sonuçlarının havza alanı ile ilişkisi iki veri seti üzerinden incelenmiştir. Havza alanı ile alansal yağış yüksekliği verileri arasında üssel regresyon çizgisi uydurulduğunda R^2 değerleribirinci veri seti için RTM'de 0.49 TM'de 0.62 ikinci veri seti için ise sırası ile 0.33 ve 0.49 olarak hesaplanmıştır. Bu değerler çalışılan veri setleri ile bulunan sonuçlar için alan-alansal yağış bağıntılılığının düşük-orta seviye arasında olduğunu göstermektedir. RTM sonuçları ile alan arasındaki R^2 değerinin iki veri seti içinde düşük çıkması bu yöntemin sadece Thiessen alanlarına göre yağış dağıtımı yapmamasının, yağış miktarını da hesaplamalara katmasının sonucudur.Regresyon denklemlerinin üssel azalan olması havza alanları büyüdükçe iki metodunda daha düşük alansal ortalama yağışlar verdiğini göstermektedir.

6. TABAN AKIŞININ AYRILMASI

6.1 Hidrolojik Döngü ve Taban Akışı Kavramı

Şekil 6.1'de temsili havza modelinde görüldüğü gibi bir yağış akış olayında, yağış başladığı andan itibaren buharlaşma ile kayıp döngüsüne katılmaktadır. Bir kısım yağış ise toprağa düşmeden bitkilerin yaprakları tarafından tutulur. Bu kayıplar yüzeysel akıştan önce olduğu için başlangıç kayıpları olarak isimlendirilirler. Döngüde baskın etken buharlaşma ise yağış yüzeysel akış tabakaları halinde nehire ulaşana kadar ve sonrasında etkilidir. Yağış aynı zamanda zemin nemi olarak toprak tarafından tutulmaktadır. Devam eden yağışla göllenmeler oluşur ve yüzeysel akış başlar.

Yağışın toprak nemi olarak depolanan kısmı ise zemindeki küçük tanecikler etrafında tutulduğu gibi zemine yakın yer altı akışı ve daha derine sızmış yer altı suyu akışı olarak akarsuyu besler. Yer altı suyu beslenmesi incelenen bu yağış-akış olayından etkilensede etkilenmese de devam edebilir ve çok karmaşık bir yapıdadır. Tekil bir yağış olayında, yer altı suyuna karışan kısmın akarsu debisinde hissedilmesi günler sürebilir.

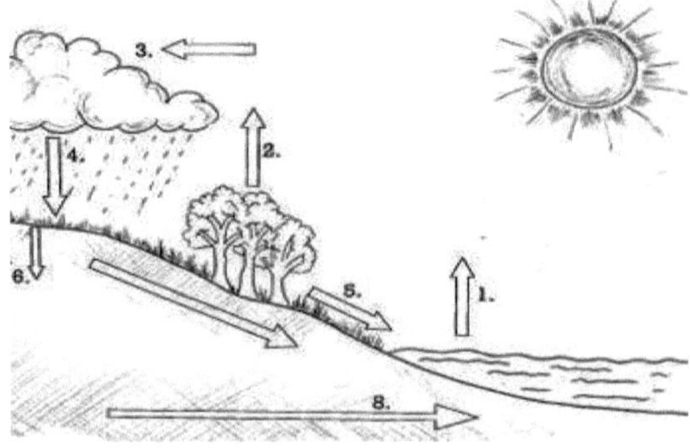

Şekil 6.1: Hidrolojik döngü (Url-2).

Yüzeysel akış tabakaları (Q_y) ve zemin altında zemine yakın hareket ederek akarsuya katılan akışın (Q_f) toplamına dolaysız akış (Q_d) denmektedir. Denklemle;

$$Q_d = Q_y + Q_f \qquad \textbf{(6.1)}$$

şeklinde ifade edilebilir. Kaynak suyu ve yağışın sızarak gecikmeli bir şekilde akarsuya ulaşmasına ise taban akışı (Q_b) denmektedir.

Toplam akışın taban akışı ile dolaysız akış bileşenlerine ayrılması ile ilgili literatürde pek çok yöntem uygulanmaktadır. Bu yöntemler fırtına hidrografı üzerinde çekilme eğrisinin incelenmesi ve uzun süreli akım gözlem verilerinden taban akışının ayrıldığı filtreleme yöntemleri şeklinde iki ana sınıfa ayrılabilir (Pektaş, 2007). Bu çalısmada, Brodie ve diğ. (2003) tarafından bu sınıf içinde degerlendirilen, sinyal incelemesinde kullanılan bir algoritmanın (Lyne ve Hollick, 1979) günlük akım verilerine uygulanması ile geliştirilmiş dijital filtre yöntemi (Nathan ve McMahon, 1990) kullanılmıştır.

6.1.1 Taban akışı indeksi

Taban akışı miktarının toplam akış miktarına bölünmesi ile boyutsuz bir büyüklük olan taban akışı indeksi (TAİ) bulunmuş olur. Taban akışı indeksi birim alan için;

$$\text{TAİ} = \frac{Q_b}{Q_T} \qquad \textbf{(6.2)}$$

$$Q_T = Q_b + Q_d \qquad \textbf{(6.3)}$$

şeklinde ifade edilebilir. Denklemde $Q_{b,}$ Q_d ve Q_t sırası ile taban akışı, dolaysız akış ve toplam akış yüksekliğidir. Şekil 6.11'de hidrografınaltında kalan alan toplam akış miktarını verirken ayrılmış hidrografın altında kalanalan taban akışı miktarını verir.

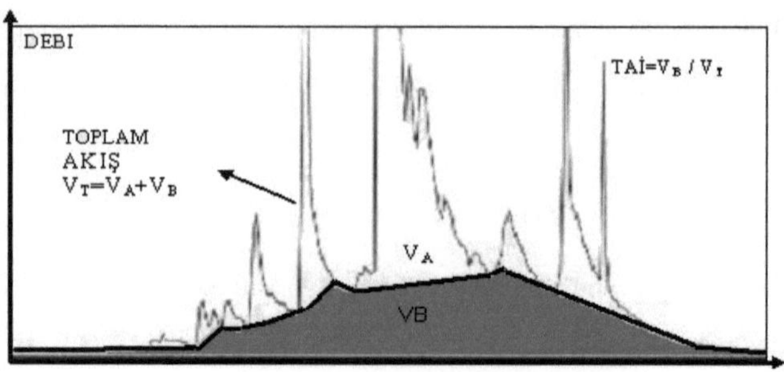

Şekil 6.2: Taban akışı indeksi (TAİ).

Taban akışı indeksi havza hakkında fikir verebilecek niteliktedir. TAİ değerlerinin değişkenliğini sınayan ayrıntılı bir çalısma İskoçya'dan 135 gözlem istasyonunun en az 9 yıllık verileri ile yapılmıstır. TAİ değerlerinin akışın yüksek olduğu yıllarda ortalama TAİ değerlerinden büyük veya küçük olduğunu gösteren herhangi bir bulguya rastlanmadığı görülmüştür. Bu da TAİ değerlerinin kararlı olduğunu ve kurak akım tahminlerinde kullanabilecegini göstermektedir (Pektaş, 2007). TAİ havza karakteristikleri hakkında önemli bir bulgudur ve düşük akım tahminlerinde kullanılır (IH, 1980). Taban akışı indeksinin bulunması esnasında taban akışı hidrografının toplam akış hidrografından ayrılmasında literatürde yaygın olarak kullanılan dijital filtreleme yöntemi kullanılmıştır.

6.2 Dijital Filtreleme Yöntemi

Literatürde birçok farklı filtre parametresi ile yapılan dijital filtre uygulamaları mevcut olmakla beraber (Lyne ve Hollick, 1979; Chapman ve Maxwell, 1996; Eckhardt, 2005), kolay uygulanabilmesi, yaygın olması ve günlük hassasiyette taban akışı ayırımı yapılabilmesi yüzünden Nathan ve McMahon (1990) tarafından geliştirilen yöntem tercih edilmiştir.

Nathan ve McMahon (1990), sinyal incelemelerinde, sinyal demeti içinden yüksek frekanslı sinyallerin ayrılmasında kullanılan, tekrarlanan dijital filtre algoritmasını (Lyne ve Hollick, 1979) akım verilerine uygulayarak taban akışını ayırmıştır.

Filtre Denklemi:

$$f_k = \alpha * f_{k-1} + \frac{1+\alpha}{2}(y_k - y_{k-1}) \qquad \textbf{(6.4)}$$

şeklinde olup burada;

f_k : k anındaki (günündeki) filtre edilmiş dolaysız akış,

y_k : Gözlenmiş akım

α: Filtre parametresidir.

DFY temel olarak yüksek frekanslı sinyallerin ayrılması ile düşük akım değerlerinin ayrılmasının fiziksel olarak benzerlik taşıyacağı kabulüne dayanmaktadır. Nathan ve McMahon (1990), taban akışını ayırmada en uygun filtre parametresini (α) bulmak için pek çok deney yapmış, kabul edilebilir filtre parametresinin 0.9 - 0.95 arasında olması gerektiğini belirlemiş, sonuçta en uygun filtre parametresinin 0.925 olduğunda karar kılmıştır. Dijital filtre, gözlem verisi üzerinde ileri – geri – tekrar ileri olmak üzere üç defa geçirilmiştir. Bununla sadece ileri yönde geçişten kaynaklanabilecek çarpıklık etkisinin azaltılması ve α parametresinden kaynaklanabilecek odaklanma etkisinin azaltılması amaçlanmıştır (Pektaş, 2007).

Şekil 6.1'de çalışılan havzaların yıllık taban akışı indekslerinin gidiş çizgileri görülebilir. Birbirine yakın havzalarda debiler üzerinde yapılan çalışmada sonuçların havzadan havzaya değişmekle birlikte, yıllık TAİ değerlerinin 0.55-0.90 aralığında değiştiği görülmektedir. Ceyhan ırmağının kuzeybatı ucunda kalan 2015 kodlu havzada yıllar içinde TAİ değeri 0.8-0.9 aralığında değişmektedir. Bu durum bu akarsuda kurak dönemlerde taban akışı beslenmesi yüksek olduğunu ve kuraklığa karşı dirençli olduğunu göstermektedir. 2008 kodlu havza ise diğer havzalara göre TAİ değeri en düşük aralıkta (0.6-0.75) seyreden havzadır. Diğer havzaların yıllık TAİ değişim aralığı ise 0.7-0.85 aralığında değişmektedir. Genel olarak incelenen tüm havzaların yıllık TAİ değerleri yüksek değerlerde seyretmektedir. İncelenen yıllar boyunca akarsuların yağış olmayan aylarda da kurumaması bulunan sonuçları destekleyici bir bulgudur.

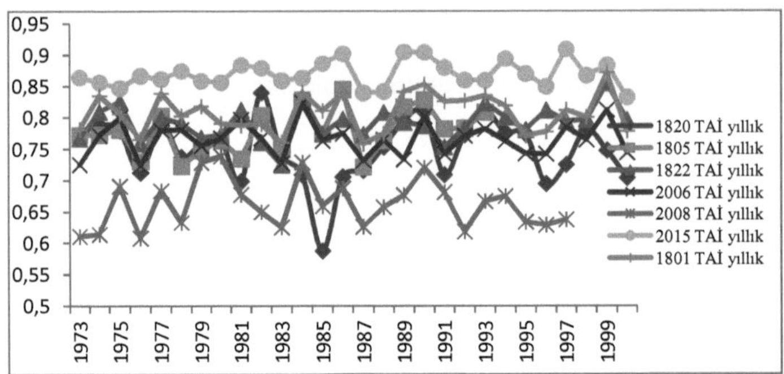

Şekil 6.3: Çalışılan havzalarda yıllık taban akışı indeksi değerlerinin değişimi.

6.3 Taban Akışı İndeksi - Akış Katsayısı İlişkisi

Akış katsayısı hesaplarında sonuçlar kullanılan metotlara göre farklı çıkmaktadır. Bu durumda bulanan akış katsayısı değerlerinin gerçeğe yakınlığının dolayısı ile kullanılan metodun performansının, sınanabileceği matematiksel bir kıstas gerekmektedir. Akış katsayısı gibi belli zaman dilimlerinde hesaplanabilen ve 0 - 1 aralığında değerler alan, boyutsuz bir büyüklük olan taban akışı indeksinin bu sınamada kullanılabileceği düşünülmektedir.

Çalışmada akış yüksekliği debinin (Q_T) yağış düşen yüzey alanına (EDA) bölünmesi ile bulunmuştur. Akış katsayısı ise yüzey akış yüksekliğinin (Q_y) yağışa (P) oranı olarak tanımlanmaktadır. Denklemle ;

$Q_y = \frac{Q_T}{A_{EDA}}$ **(6.5)**

$C = \frac{Q_y}{P}$ **(6.6)**

şeklinde ifade edilebilir.

6.3 eşitliğinin iki tarafı $Q_T$ile bölünürse;

$\frac{Q_b}{Q_T} + \frac{Q_d}{Q_T} = 1$ **(6.7)**

elde edilir. (6.7) ifadesinin ilk terimi TAİ'yi göstermektedir, ikinci terim ile (6.6) ifadesi arasındaki ilişki araştırılmaktadır.

$\frac{Q_y}{P} >?< \frac{Q_d}{Q_T}$ **(6.8)**

Birim alan için ifade edilirse 6.8 eşitsizliğinin birinci kısmı birim alanda yağış yüksekliğinin yağışa oranı, ikinci kısmı ise birim alandan gelen dolaysız akışın toplam debiye oranıdır.

Denklem 6.1 hatırlanacak olursa,

$Q_d = Q_y + Q_f \rightarrow Q_d > Q_y$ **(6.9)**

dolaysız akışın yüzeysel akıştan büyük olduğu görülmektedir.

Hidrolojik döngüde, buharlaşma ve diğer kayıplar çıktıktan sonra yağışın debiye dönüştüğü bilinmektedir. Çalışılan havzaların diğer havzalardan yer altı suyu beslemesi almadığı kabulü yapıldığı düşünülürse bir Δt süresi için, alansal yağış ve çıkış noktası debisi arasında,

$P > Q_T$ **(6.10)**

eşitsizliği yazılabilir. (6.8) ifadesi araştırılıken (6.9) ve (6.10) ifadeleri beraber değerlendirilirse;

$\frac{Q_y}{P} < \frac{Q_d}{Q_T}$ **(6.11)**

eşitsizliği bulunmuş olur. Denklem 6.7'de Q_d/Q_T ifadesi yerine Q_y/P ifadesi yazılacak olursa;

$$\frac{Q_b}{Q_T}+\frac{Q_y}{P}\lesseqgtr 1 \qquad \textbf{(6.12)}$$

eşitsizliği elde edilir. 6.12ifadesinin ilk terimi taban akışı indeksini (TAİ), ikinci terimi akış katsayısını göstermektedir.

Bu durumda TAİ ile C arasında,

$$C_{\Delta t}+\text{TAİ}_{\Delta t}\lesseqgtr 1 \qquad \textbf{(6.13)}$$

ilişkisi kurulmuş olur.

Bu ifade farklı metotlar ile bulunan akış katsayıları arasında değerlendirme yapılırken kullanılacaktır.

7. AKIŞ YÜKSEKLİĞİNİN BULUNMASI

Bir akarsu havzasının çıkış noktasından belli bir süre içinde geçen akış miktarına akış yüksekliği denmektedir (Bayazıt, 1999). Akış katsayısı hesaplamalarında en belirleyici nokta yağış alanını tahmin etmektir.Akış yüksekliği akış hacminin yağış alanına bölünmesi ile bulunur (Vlčková ve diğ., 2009; Soukup, 1987). Bayazıt (1999), yıllık hesaplamalarda yağış alanı olarak sabit drenaj alanı kullanmanın hesaplamaları etkilemeyeceği belirtmektedir. Yıl altı zaman birimlerinde çalışıldığında ise tekil yağış- akış olaylarının akış katsayıları hesaplanıyorsa yağış bölgesinin alanı, belli bir zaman diliminde çalışılıyor ise zaman dilimi boyunca akışa katkıda bulunan yağış alanı (contributing area) ortalaması ile çalışılmalıdır (The rational method ders notları).

Ülkemizde noktasal yağış gözlemleri yapılmakta fakat yağışın düştüğü alanla ilgili herhangi bir kayıt tutulmamaktadır. Yağış düşen alan sınırları ancak belli kabuller ile hesaplanabilmektedir. Bu çalışmada yağışın alana dağıtılması çalışmalarında referans noktalarımız noktasal yağışın ölçüldüğü yağmur gözlem istasyonlarıdır. Bu noktadan yola çıkarak yağış alanının hesaplanmasında"*her bir thiessen çokgeni o yağış istasyonun etkin olduğu alandır ve yağış bu alana homejen dağılmaktadır*" kabulü yapılmıştır.

7.2 Etkin ve Sabit Drenaj alanı kabulleri

Akış yüksekliği hesaplanırken, sabit havza alanı (sabit drenaj alanı) kullanımı ile yağış bölgesinin tahmini alanı olarak tanımlayabileceğimiz etkin drenaj alanı (EDA) kullanımının hesaplamalara etkisi araştırılmıştır. İnceleme kapsamında, herbir havzanın günlük alansal yağışları TM ile hesaplanmıştır. Yıllık toplam debi sabit havza alanına bölünerek akış yükseklikleri hesaplanmış ve yıllık yağış yüksekliğine oranlanarak yıllık akış katsayıları hesaplanmıştır. Bu yöntem hâlihazırda havza su verimi çalışmalarında ve yıllık akış katsayısı hesaplamalarında yaygın olarak kullanmaktadır.

Ardından Thiessen metodu ile hesaplamalara dâhil edilen noktasal yağış istasyonu verileri detaylı incelenerek yağış olan istasyonların temsil ettiği thiessen çokgeni alanları ile EDA'lar hesaplanmıştır. Bir istasyonda günlük yağış yoksa o istasyonun temsil ettiği thiessen alanı tüm alandan çıkartılmıştır. Bu yöntemde ise EDA'lar havza civarındaki noktasal yağış istasyonlarının günlük ölçümlerine bağlı olarak değişmektedir. EDA kullanılarak akış yüksekliği hesaplanmasının ardından akış katsayıları tekrar hesaplanmıştır. Çizelge 7.1' de 1801 havzasında ikifarklı yöntem ile yapılan yıllık akış katsayısı hesaplarının detayları görülmektedir.

Çizelge 7.1: 1801 nolu havzada EDA'ya göre değişen C sonuçları.

Yıllar	TM Yıllık yağış (mm)	Sabit DA-C	EDA-C	Yıllar	TM Yıllık yağış (mm)	Sabit DA-C	EDA-C
1973	4850.8	0.045	0.160	1987	5740.4	0.097	0.346
1974	4721.1	0.045	0.188	1988	6744.9	0.081	0.220
1975	4471.6	0.090	0.371	1989	4649.5	0.053	0.256
1976	6101.1	0.071	0.225	1990	4043.7	0.075	0.341
1977	5317.0	0.086	0.314	1991	6457.1	0.043	0.151
1978	5097.0	0.089	0.340	1992	5377.1	0.072	0.279
1979	5354.2	0.075	0.243	1993	4074.0	0.092	0.342
1980	6187.5	0.110	0.400	1994	4702.6	0.052	0.187
1981	5791.2	0.085	0.284	1995	5710.1	0.080	0.274
1982	4284.0	0.089	0.362	1996	6887.0	0.077	0.231
1983	5588.9	0.065	0.213	1997	4536.7	0.076	0.270
1984	3649.4	0.090	0.325	1998	5798.7	0.065	0.232
1985	4199.9	0.061	0.204	1999	3272.8	0.096	0.367
1986	4614.1	0.051	0.173	Ortalama	0.074	0.115	0.270

1973-1999 yılları arasında sabit drenaj alanı kabulü ile bulunan akış katsayıları ortalaması 0.07 civarında olurken sabit havza alanı kabulünden uzaklaşıldıkça daha büyük akış katsayıları bulunmaktadır. EDA'nınkullanıldığı

2. yöntemde ortalama akış katsayısı 0.27 olarak hesaplanmıştır. Şekil 7.1 incelendiğinde tüm havzalarda sabit drenaj alanı kabulü ile bulunan akış katsayılarınıntüm yıllar boyunca maksimum 0.1 değerini aldığı görülmektedir. Oysa incelenen havzalar Türkiye'nin tarım üretimi adına çok verimli havzalarıdır ve su verimi adına yağışın maksimum 0.1 oranında akışa geçmesi, geriye kalan % 90 oranındaki yağışın sızma ve buharlaşma olarak değerlendirilmesi mantıklı gözükmemektedir.

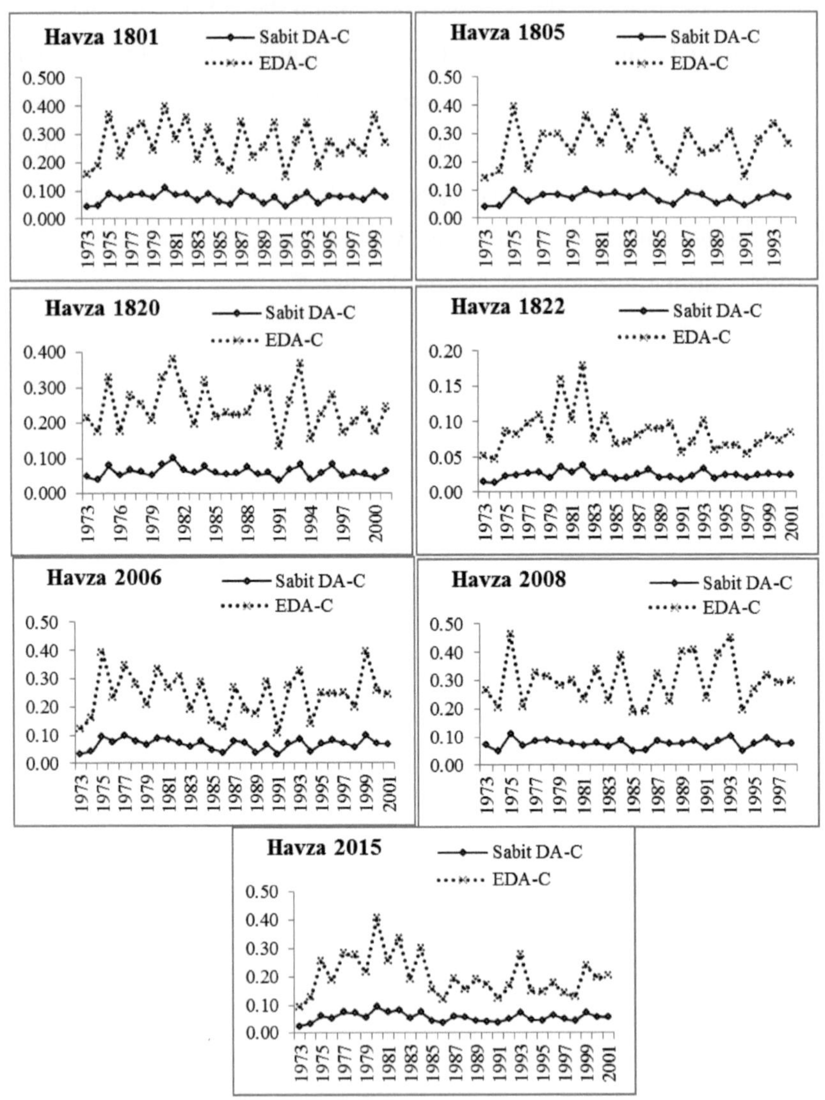

Şekil 7.1: Havzalarda EDA'ya göre hesaplanmış yıllık C değerleri.

Çizelge 7.2'de havzalarda yıllık veri ortalamaları ile bulunan uzun dönem TAİ ve C değerleri yer almaktadır. Bölüm 6'da ortaya koyulan $C_{\Delta t} + TAİ_{\Delta t} \lesssim 1$ şartına göre sonuçlar değerlendirilecek olursa, aynı yöntemle akış katsayısı hesaplanırken EDA kullanıldığında sapma oranının azaldığı ve sonuçların TAİ ile daha iyi uyum gösterdiği görülmektedir.

Yapılan inceleme akış yüksekliğinin hesaplanmasında sabit havza kabülü yerine mümkün olduğunca, yağış alan bölgenin tahmin edilerek, EDA olarak kullanılması yaklaşımının doğru olduğunu göstermektedir. Çizelge 1.2'de görülen farklı çalışmalarda bulunmuş akış katsayısı değerlerinin 0-0.3 aralığında değişmesi de akış yüksekliği hesaplamalarında sabit drenaj alanı kullanımının küçük akış katsayısı hesaplamalarına yakınsadığını göstermektedir.

Çizelge 7.2: Havzalarda uzun dönem TAİ ve TM ile bulunmuş C değerleri.

Havzalar	TAİ	(Yöntem1)		(Yöntem 2)	
		C	Sapma (%)	C	Sapma (%)
1801	0.81	0.07	12	0.27	8
1805	0.78	0.07	15	0.26	4
1820	0.75	0.06	19	0.24	1
1822	0.79	0.02	19	0.08	13
2006	0.77	0.07	16	0.24	1
2008	0.66	0.08	26	0.3	4
2015	0.87	0.06	18	0.2	5

8. ZAMAN ODAKLI AKIŞ KATSAYISI HESAPLAMALARI

Çalışmada akış katsayıları havza bazında yıllık, aylık ve günlük zaman dilimlerinde hesaplanmıştır. Alansal yağış yüksekliklerinin bulunmasında çalışılan süreler için bölüm 5'de detaylı anlatılan alansal yağış hesaplama metotları uygulanmıştır. Akış yüksekliklerinin hesaplanmasında sabit drenaj alanı yerine EDA kullanılmıştır. Alansal yağışın hesaplanmasında kullanılan yöntemlere bağlı olarak EDA değerleri değişmektedir. Yöntemler kullanılan yağış dağıtım metotlarının isimleri ile adlandırılmıştır.

Yıllık akış katsayılarının değişimi havzanın şehirleşmesi, su verimi venem durumu ile ilgili fikir vermektedir.

Aylık akış katsayıları ise yıllık ortalama değerler ile çalışılırken görülemeyen aylık salınımlar ve mevsimlik davranışlar hakkında fikir vermektedir.

Günlük akış katsayısı kavramı literatürde pek kullanılmamaktadır. Literatürde yer almayan bir zaman diliminde akış katsayısı hesaplanmasıyla amaçlanan, kullanılan metotları kıyaslamaktır.

8.1 Günlük Değerlerle Hesaplanan Akış Katsayıları

Havzanın günlük yağışı akışa çeviren bir sistem olarak ele alınması ile günlük ölçekte akış katsayıları hesaplanmıştır. Alansal yağışın tümünün aynı gün debiye etkidiği var sayılmıştır. Noktasal yağış istasyonlarının havza çıkış noktasına olan uzaklıkları ve zeminden kaynaklanacak farklı gecikme veya tepki sürelerinin hesaplara etkisi, alansal yağış hesaplarına geçmeden önce uygulanan *gecikme süreleri* ile gözetilmiştir. Bölüm 4'de bu konunun ayrıntıları sunulmuştur.

Günlük akış katsayısı hesaplamalarında teorik olarak yüzeysel akışa geçebilecek kadar yağışın olduğu günler akış katsayılarının varlığından söz edilebilir. Pek çok gün akış katsayısı biri aşan anormal değerler almaktadır. Bu durum yapılan basitleştirme kabullerinin havza fiziğini yansıtmadığını göstermektedir.

Aynı kabuller altında daha az anormal değer üreten metodun daha başarılı olarak değerlendirilebieceği düşünülmüş ve metotları kıyaslama maksadı ile günlük akış katsayıların hesaplanmıştır.

Kullanılan metot ile bulunan alansal yağış ve akış yükseklikleri oranının biri geçmesi kar erimesi gibi sebeplerle açıklanamayacak mevsimlerde ve miktarlarda oluyor ise bu durum kullanılan metoda bağlı bir hatadır. Metoda bağlı hatalar ile metotları değerlendirmek için üç kıstas seçilmiştir;

- Metotların ürettiği anormal değerlerin oranı
- C, TAİ toplamının birden pozitif sapma oranı
- C, TAİ toplamının negatif sapma oranı

C ve TAİ toplamının biri aştığı durumlarda sapma değeri negatif olmaktadır. Bölüm 6.3' de ispatlandığı gibi bu değer bire yakın ve birden küçük olmalıdır. Sapmaların negatif değerler almasının nedeni TAİ değerinin gerçeğin üstünde hesaplanması veya C değerinin gerçeğin üstünde hesaplanması veya iki durumun birden gerçekleşmesi demektir. Fakat sürekli negatif sapma saptanması, metodun gerçeğin üstünde akış katsayısı sonuçları ürettiği noktasında ki fikirleri güçlendirecektir.

8.1.1 Hesaplanan günlük akış katsayıları ile metotların kıyaslanması

Çizelge 8.1'de çalışılan tüm havzalarda, yapılan günlük akış katsayısı hesaplamalarının değerlendirmesi görülmektedir. Akış katsayısının birden büyük değerler aldığı durumlara göre metotlar değerlendirilecek olursa; en fazla anormal değeri % 31 oranı ile TM vermektedir. RTM ise % 6 oranı ile en az anormal değer üreten metot olmuştur.

Akış katsayısı ve taban akışı indeksi değerleri toplamının biri aştığı, negatif sapma oranlarına göre metotları değerlendirilecek olursa; en başarılı metodun, % 32 sapma ile RTM metodu olduğu görülmekterdir.

Metotlar, C ve TAİ toplamlarının birden pozitif sapmalarının oranlarına göre değerlendirildiğinde; havzadan havzaya farklı oranlarda sapmalar gösterseler de genel olarak % 22 mertebesinde ve birbirlerine çok yakın sapma ortalamaları gösterdikleri saptanmıştır.

Çizelge 8.1: Günlük C sonuçlarına göre metotların değerlendirilmesi.

		TM	RTM	AAF			TM	RTM	AAF
Havza 1822	Toplam Veri Sayısı	10103	10103	10103	Havza 2015	Toplam Veri Sayısı	10833	10833	10833
	Yağışlı Gün Sayısı	7031	6588	2520		Yağışlı Gün Sayısı	6281	6207	3353
	C>1 Sayısı	1593	126	280		C>1 Sayısı	1828	310	222
	C>1 Oranı (%)	23	2	11		C>1 Oranı (%)	29	5	7
	Pozitif Sapma Ort	0.2	0.19	0.19		Pozitif Sapma Ort	0.14	0.14	0.14
	Negatif Sapma Sayısı	3125	1264	1083		Negatif Sapma Sayısı	3714	2576	1636
	Negatif Sapma Oranı (%)	44	19	43		Negatif Sapma Oranı (%)	59	42	49
Havza 1820	Toplam Veri Sayısı	10088	10088	10088	Havza 2008	Toplam Veri Sayısı	9361	9361	9361
	Yağışlı Gün Sayısı	5328	5328	2626		Yağışlı Gün Sayısı	4485	4485	2496
	C>1 Sayısı	1527	327	557		C>1 Sayısı	1253	224	399
	C>1 Oranı (%)	29	6	21		C>1 Oranı (%)	28	5	16
	Pozitif Sapma Ort	0.25	0.25	0.2		Pozitif Sapma Ort	0.34	0.31	0.34
	Negatif Sapma Sayısı	2775	1827	1435		Negatif Sapma Sayısı	2163	887	870
	Negatif Sapma Oranı (%)	52	34	55		Negatif Sapma Oranı (%)	48	20	35
Havza 1805	Toplam Veri Sayısı	7897	7897	7897	Havza 2006	Toplam Veri Sayısı	10103	10103	10103
	Yağışlı Gün Sayısı	4866	4866	2009		Yağışlı Gün Sayısı	5697	5697	3126
	C>1 Sayısı	1522	380	430		C>1 Sayısı	1896	286	278
	C>1 Oranı (%)	31	8	21		C>1 Oranı (%)	33	5	9
	Pozitif Sapma Ort	0.26	0.22	0.29		Pozitif Sapma Ort	0.23	0.22	0.19

	Negatif Sapma Sayısı	2928	1901	969		Negatif Sapma Sayısı	3156	1722	1225
	Negatif Sapma Oranı (%)	60	39	48		Negatif Sapma Oranı (%)	55	30	39
Havza 1801	Toplam Veri Sayısı	10089	10089	10089	Genel değerlendirme	Toplam Veri Sayısı	68474	68474	68474
	Yağışlı Gün Sayısı	6702	6702	3072		Yağışlı Gün Sayısı	40390	39873	19202
	C>1 Sayısı	2858	524	877		C>1 Sayısı	12477	2177	3043
	C>1 Oranı (%)	43	8	29		C>1 Oranı (%)	31	5	16
	Pozitif Sapma Ort	0.22	0.19	0.16		Pozitif Sapma Ort	0.23	0.22	0.22
	Negatif Sapma Sayısı	4130	2686	2041		Negatif Sapma Sayısı	21991	12863	9259
	Negatif Sapma Oranı (%)	62	40	66		Negatif Sapma Oranı (%)	54	32	48

8.2 Yıllık Akış Katsayısı Hesapları

Günlük ortalama debi (m^3/s) ve yağış yükseklikleri (mm) değerleri üzerinden yıllık toplam değerlere geçiş yapılmıştır. Şekil 8.1 1801 nolu havzada metotlar ile bulunmuş yıllık akış katsayılarının yıllar içinde değişimini görülmektedir. TM ortalaması 0.27 iken RTM ortalaması 0.12, AAF ortalaması ise 1.93 değerini almıştır. AAF değerleri ve ortalama çizgisi ikincil eksende belirtilmiştir. Ekstrem değerlerin ortalama üzerinde etkisi olabileceği için medyanlar göz önüne alınacak olursa üç metot medyan değerleri sırası ile 0.27-0.12 ve 1.86 şeklindedir.

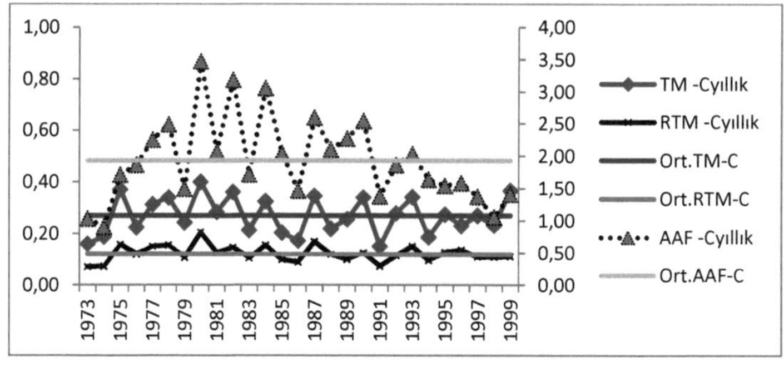

Şekil 8.1: 1801 havzası için metotlara göre yıllık Cgidiş grafiği.

Havza 1805'de metotlar ile bulunan yıllık akış katsayıların değişimi Şekil 8.2'de görülmektedir. TM, RTM ve AAF sırası ile sonuçlarınınortalama değerleri 0.26 - 0.13 ve 1.28, medyanları ise 0.27- 0.13- 1.26 olarak hesaplanmıştır.

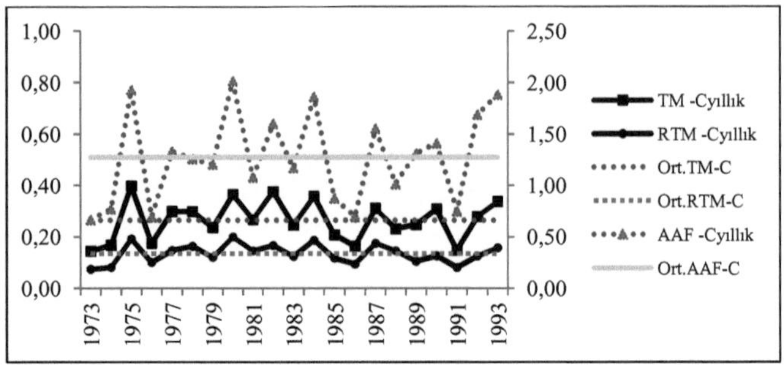

Şekil 8.2: 1805 havzası için metotlara göre yıllık Cgidiş grafiği.

Havza 1820'de metotlar ile bulunan yıllık akış katsayıların değişimi şekil 8.3'te görülmektedir. TM, RTM ve AAF sırası ile sonuçların ortalama değerleri 0.24- 0.11 ve 1.43, medyanları ise 0.23- 0.11- 1.28 olarak hesap edilmiştir.

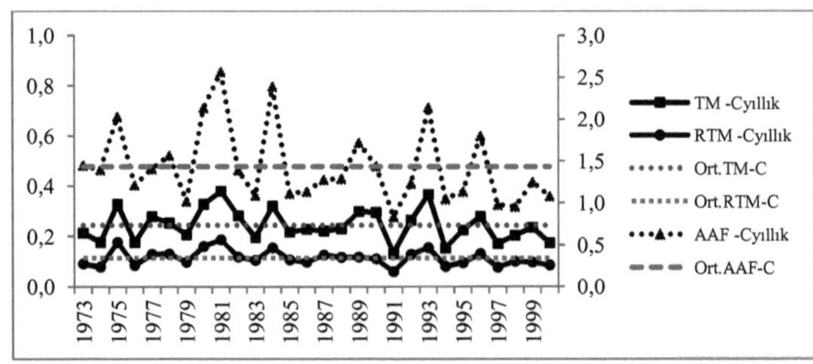

Şekil 8.3: 1820 havzası için metotlara göre yıllık C gidiş grafiği.

Havza 1822'de metotlar ile bulunan yıllık akış katsayıların değişimi şekil 8.4'te görülmektedir. TM, RTM ve AAF sırası ile sonuçların ortalama değerleri 0.08- 0.05 ve 1.02, medyanları ise 0.08- 0.04- 0.93 olarak hesap edilmiştir.

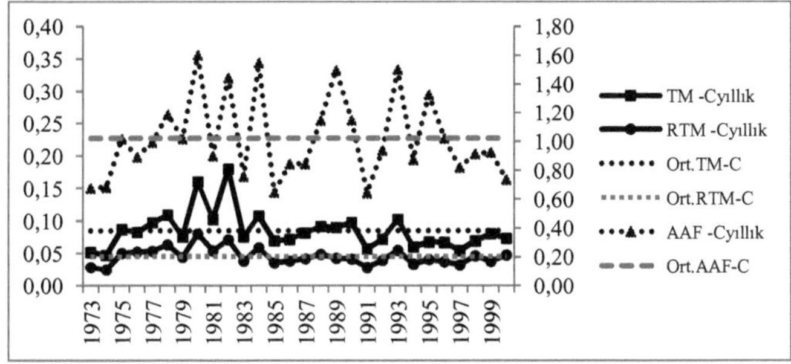

Şekil 8.4: 1822 havzası için metotlara göre yıllık C gidiş grafiği.

Havza 2006'da metotlar ile bulunan yıllık akış katsayıların değişimi şekil 8.5'te görülmektedir. TM, RTM ve AAF sırası ile sonuçların ortalama değerleri 0.24- 0.13 ve 0.68, medyanları ise 0.25- 0.13- 0.71 olarak hesap edilmiştir.

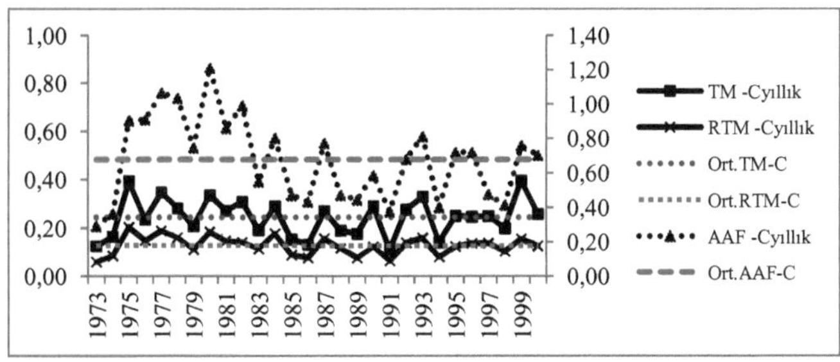

Şekil 8.5: 2006 havzası için metotlara göre yıllık C gidiş grafiği.

Havza 2008'de metotlar ile bulunan yıllık akış katsayıların değişimi şekil 8.6'da görülmektedir. TM, RTM ve AAF sırası ile sonuçların ortalama değerleri 0.30- 0.11 ve 0.89, medyanları ise 0.29- 0.10-0.82 olarak hesap edilmiştir.

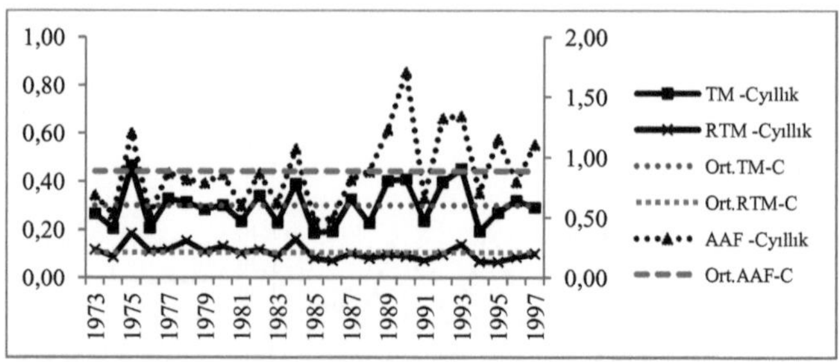

Şekil 8.6: 2008 havzası için metotlara göre yıllık C gidiş grafiği.

Havza 2015'de metotlar ile bulunan yıllık akış katsayıların değişimi şekil 8.7'de görülmektedir. TM, RTM ve AAF sırası ile sonuçların ortalama değerleri 0.20- 0.10 ve 0.56, medyanları ise 0.19- 0.10- 0.54 olarak hesap edilmiştir.

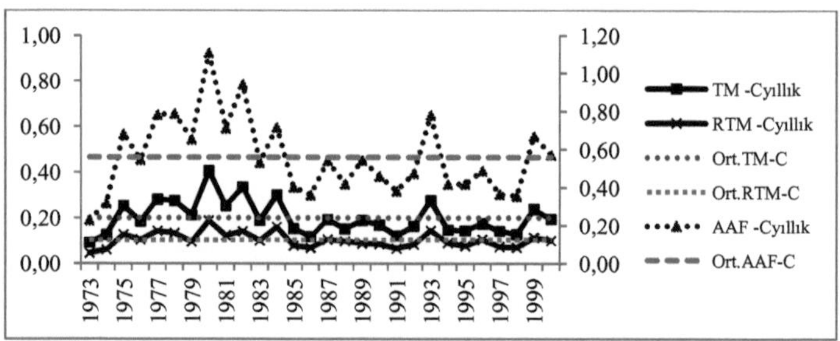

Şekil 8.7: 2008 havzası için metotlara göre yıllık C gidiş grafiği.

8.2.1 Hesaplanan yıllık akış katsayıları ile metotların kıyaslanması

Havzaların akış katsayılarının yıllık değişim grafikleri incelendiğinde RTM'nin TM'ye göre daha küçük değerler ürettiği görülmektedir. Farklı veri setleri ile çalışıldığında TM daha küçük değerler üretebilmektedir (bknz bölüm 5.3). AAF metodu kullanılarak bulunan akış katsayılarının tüm havzalarda diğer iki metoda göre yüksek değerler aldığı görülmektedir. Pek çok yıl AAF ile bulunmuş akış katsayıları biri aşmaktadır.

Üç metot 7 havzada uygulanmış ve her metot ile yıllık ölçekte 185 adet akış katsayısı hesaplanmıştır. Çizelge 8.2'de yıllık hesaplamalar ile bulunan akış katsayısı sonuçlarına göre kullanılan metotların kıyaslaması görülmektedir. Çizelgede C +TAİ değerlerinin birden sapması yüzde ortalaması cinsinden verilmiştir. Pozitif sapma ortalaması alınırken negatif sapmalar hesaplamalara dâhil edilmemiştir.185 adet C+TAİ değerinin sapmalarının toplamda kaç defa negatif değerler aldığı, negatif sapma sayısı sütununda belirtilmiştir.

Çizelge8.2: Yıllık Csonuçlarına göre metotların değerlendirilmesi.

C +TAİ ≤ 1	POZİTİF SAPMA ORT (%)			C > 1 Durumları Sayısı		
havza kodu	TM	RTM	AAF	TM	RTM	AAF
1801	2	7	---	0	0	26
1805	4	9	---	0	0	15
1820	6	14	---	0	0	25
1822	12	16	---	0	0	12
2006	7	11	---	0	0	3
2008	10	23	---	0	0	8
2015	2	4	---	0	0	1
	NEGATİF SAPMA			Toplam C >1 durum sayıları		
Negatif sapma sayısı	92	9	185	0	0	90
Negatif sapma oranı (%)	50	5	100			

C>1 değerlendirme kriteri temel alındığında; AAF metodu toplamda 90 defa biri aşan akış katsayısı sonuçları üretmiştir. Diğer metotlar ise yıllık ölçekte anormal değer üretmemişlerdir.

Metotların C, TAİ toplamından sapma ortalamaları incelendiğinde; pozitif sapmalar ortalaması en küçük olan metot TM olurken AAF metodunun tüm sapma değerleri negatif olmuştur. TM negatif sapma oranında % 50 iken RTM metodu % 5 değeri almıştır.

Üç metot yıllık akış katsayıları üzerinden değerlendirilecek olursa;

A.B.D havzalarında kullanılmak üzere geliştirilen Omalaya (1993) tarafından geliştirilen, AAF yönteminin çalışılan havzalarda yıllık ölçekte alansal yağışı tahmin etmekte başarısız olduğunu görülmektedir. Çalışılan havza civarında birden fazla istasyon verisi varsa bu metodun kullanılması tavsiye edilmemektedir. RTM daha az negatif sapma ürtettiği için TM'den üstün gözükmektedir, fakat pozitif sapmalarda TM daha düşük değerler vermiştir.

8.3 Aylık Akış Katsayısı Hesapları

Çalışma kapsamında aylık toplam yağış yüksekliği ve akış yükseklikleri ile aylık akış katsayısı hesaplamaları yapılmıştır. Aylık akış katsayısı değerleri arasında sıfıra çok yakın (C <0,05) ve biri aşan değerlere, yıllık değerlere nazaran daha çok rastlanmaktadır. Bu durum yapılan kabüller ve kullanılan metotların çalışılan zaman aralığı, dolayısı ile hassasiyet arttıkça havzanın karmaşık yapısını modellemekten uzak olmasının sonucudur.

Bu durumu aşmak ve havza fiziğine daha uygun hesaplamalar yapabilmek için özellikle yıl altı zaman dilimlerinde akış katsayısı hesaplamalarında zaman odaklı bir yaklaşım tarzı yerine olay odaklı bir yöntem tercih etmek gerekmektedir. OO yaklaşım tarzı ile ZO yaklaşım tarzı bölüm 9'da karşılaştırılmıştır.

Aylık ölçekte çalışıldığında özellikle az yağış alan aylarda akış katsayısının biri aştığı durumlara üç metotla bulunan sonuçlarda da rastlanmıştır. Akış katsayısının biri aştığı durumlar incelenmiş ve sebepleri araştırılmıştır. Çizelge 8.3'de 1801 kodlu havza hesaplamalarında görüldüğü gibi, akış katsayılarının biri aştığı pekçok ay, ayın sadece bir kaç günü küçük bir alanda etkisi hissedilen yağışlar olmuştur. Fakat nehir taban akışı ile beslenmekte ve debide önemli oranda azalma olmamaktadır. Bu durumda bu aylarda akış katsayısının biri çok aştığı değerler hesaplanmaktadır. Aslında bu aylarda yağışın doğurduğu bir debiden bahsetmek anlamsız olduğu için akış katsayısı hesaplamaları yapılmasıda yanlıştır. Bu aylarda tıpkı yağış olmayan aylar gibi değerlendirilmelidir.

Çizelge 8.3: 1801 nolu havzada C'nin biri aştığı durumlar.

Havza 1801	TM - $C_{aylık}$	RTM - $C_{aylık}$	AAF - $C_{aylık}$	Aylık Buharlaşma (mm)	Yağışlı Gün Sayısı	TM Top. Yağış Yüks. (mm)	RTM Top. Yağış Yüks. (mm)	AAF Top. Yağış Yüks. (mm)
Ağu.73	12866.6	26.6	-	165	1	1.23	27.12	0.00
Eyl.73	2.4	0.4	4.0	112	12	49.62	118.45	17.55
Haz.74	1.1	0.2	3.2	162	15	109.65	275.87	22.08
Tem.74	15.9	1.2	-	175	4	17.49	108.74	0.00
Tem.75	16.4	0.6	73.5	175	8	33.07	232.43	4.34
Ağu.75	1.9	0.3	2.7	165	10	125.25	251.98	60.44
Eyl.75	86.7	18.2	-	112	5	2.65	6.99	0.00
Eki.75	2.6	0.5	11.1	90	13	64.79	119.15	8.14
Tem.76	10.6	2.2	24.4	175	6	39.15	79.85	9.41
Ağu.76	6.5	1.2	312.0	165	5	85.95	159.41	1.81
Tem.77	9.0	0.3	13.5	175	12	44.20	302.01	17.73
Haz.78	1.8	0.2	1.4	162	18	120.25	344.33	55.91
Tem.78	20141.0	39.8	3452.0	175	3	0.46	10.23	0.18
Ağu.78	6574.0	13.6	-	165	3	1.16	25.58	0.00
Eyl.78	1.8	0.1	0.8	112	14	135.24	670.34	93.01
Kas.78	6.2	0.6	12.6	64	7	87.95	247.15	25.15
Ağu.79	1.3	0.4	17.0	165	10	92.63	191.39	13.93
Eyl.79	1.8	0.2	5.0	112	11	120.47	316.43	21.53

8.3.1 Aylık akış katsayıları üzerinden kullanılan metotların kıyaslanması

Çalışmada kullanılan metotların aylık hesaplamalardaki başarısı, anormal akış katsayıları düzenlemeye tabi tutulmadan araştırılmıştır. Sonuçlar değerlendirilirken; C >1 durumlarının oranı, C+TAİ ≤1 eşitsizliğinde pozitif sapmaların yüzde ortalaması ve bu eşitsizliği bozan negatif sapmaların oranı, ölçüt olarak alınmıştır.

Yıllık C değerlerine nazaran aylık değerlerde, biri aşan anormal durumlar daha fazla gözlenmektedir. Bu durum, aylık alansal yağış miktarının veya yağış bölgesinin alanının doğru hesaplanamaması gibi metoda bağlı hatalardan veya kar, dolu gibi fiziksel faktörlerden kaynaklanıyor olabilir. Yıllık hesaplamalarda hesap süresi uzun olduğu için sonuçların anormal değerler alma oranı düşük iken çalışılan süre kısaldıkça anlamsız değerler alma oranı artmaktadır.

7 havzada toplamda 2250 ay üzerinden üç metot ile yapılan hesaplamalarda havzalara göre ve toplam değerlendirme çizelge 8.4'de görülmektedir.

Akış katsayılarının biri aştığı anormal değerlere göre metotlar değerlendirilecek olursa; tüm havzalarda AAF metodunun en yüksek oranda RTM'nin ise en düşük oranda anormal sonuçlar ürettiği tespit edilmiştir. 2250 aylık hesapların genelinde C>1 durumlarının oranları TM, RTM ve AAF yöntemleri için sırası ile %21, %9 ve %47 değerlerindedir.

Akış katsayısı ve taban akışı indeksleri toplamına göre değerlendirildiğinde ise; metotlar birbirine yakın pozitif sapmalar verirken, negatif sapma oranları RTM, TM ve AAF metotları için sırası ile % 52, % 31,% 85 değerlerini almıştır.

Yıllık ve aylık ve günlük akış katsayısı sonuçlarını göre üç metot değerlendirildiğinde RTM metodunun anormal değerler ve taban akışı indeksine uygunluk kıstaslarına göre en başarılı metot olarak değerlendirilebileceği düşünülmektedir.

Çizelge 8.4: Aylık C sonuçlarına göre metotların değerlendirilmesi.

		TM	RTM	AAF			TM	RTM	AAF
Havza 1801	Toplam Ay Sayısı	332	332	332	**Havza 2006**	Toplam Ay Sayısı	332	332	332
	Negatif Sapma Sayısı	192	112	318		Negatif Sapma Sayısı	179	103	251
	Pozitif Sapma Ort.	0.14	0.15	0.13		Pozitif Sapma Ort.	0.17	0.17	0.13
	A. Yağışın Sıfır Durumları.	1	1	11		A. Yağışın Sıfır Durumları.	9	9	20
	C>1 Say	80	27	222		C>1 Say	76	38	108
Havza 1805	Toplam Ay Sayısı	260	260	260	**Havza 2008**	Toplam Ay Sayısı	307	307	307
	Negatif Sapma Sayısı	151	97	240		Negatif Sapma Sayısı	139	68	232
	Pozitif Sapma Ort.	0.19	0.19	0.17		Pozitif Sapma Ort.	0.24	0.29	0.20
	A. Yağışın Sıfır Durumları.	1	1	4		A. Yağışın Sıfır Durumları.	4	4	11

	C>1 Say	66	27	150		C>1 Say	62	24	135
Havza 1820	Toplam Ay Sayısı	332	332	332	Havza 2015	Toplam Ay Sayısı	355	355	355
	Negatif Sapma Sayısı	180	102	299		Negatif Sapma Sayısı	223	173	296
	Pozitif Sapma Ort.	0.19	0.19	0.12		Pozitif Sapma Ort.	0.12	0.13	0.11
	A. Yağışın Sıfır Durumları.	6	6	20		A. Yağışın Sıfır Durumları.	10	10	17
	C>1 Say	78	36	183		C>1 Say	72	36	107
Havza 1822	Toplam Ay Sayısı	332	332	332	Genel durum	Toplam Ay Sayısı	2250	2250	2250
	Negatif Sapma Sayısı	107	53	283		Negatif Sapma Sayısı	1171	708	1919
	Pozitif Sapma Ort.	0.17	0.18	0.08		Negatif Sapma Oranı (%)	52	31	85
	A. Yağışın Sıfır Durumları.	5	7	22		Pozitif Sapma Ort.	0.17	0.19	0.14
	C>1 Say	35	10	151		C>1 Sayısı	469	198	1056

8.3.2 Havzaların Aylık Akış Katsayıları

Bazı aylar aylık akış katsayılarının birin çok üstünde değerler aldığı gözlenmiştir. Aslında kar erimesine bağlı olarak biri aşabilecek olan katsayı değerlerinin birin çok üstünde çıkması hesaplanan değerin doğru olmadığını göstermektedir. Ayrıca akış katsayısının 0.8 - 0.9 bandında bire çok yakın değerler aldığı pekçok ay tespit edilmiştir. Büyük kırsal havzalarda akış katsayısının değerinin pratikte 0.05 - 0.5 aralığında değiştiği bilinmektedir. Bu yüzden aylık hesaplanan değerlerden havzanın nihai akış katsayısına karar verilirken, birkaç kademede düzenleme işlemi yapılmıştır.

Havzalarda öncelikle aylık akış katsayıları hesaplanmıştır. Bu değerler düzenlemeye tabi tutulmamış ham değerlerdir. Sonrasında akış katsayısı değerlerinin 0.05 altında kaldığı değerler ortalama hesaplarına geçmeden verilerden çıkarılmıştır.

İkinci olarak, yağıştan günlük kayıpların sadece buharlaşma olmadığı ağaç yaprakları, tutulma, göllenme gibi kayıpların günlük yağışları etkilediği düşünülmüş ve çizelge 2.1'de aylar için tahmin edilen buharlaşma miktarları artırılarak eşik kayıp değerleri tespit edilmiştir. Tespit edilen eşik kayıp değerleri çizelge 8.5'de görülebilir. Eşik kayıp değerleri tahmin edilen maksimum buharlaşma miktarının % 10-20 arasında artırılması ile bulunmuştur. Buharlaşma eşik değerinin yağış değerini aştığı aylarda akış katsayısı değerleri veri setinden çıkarılmıştır. Bu aylarda tıpkı yağış olmayan aylarda katsayının hesaplanamadığı aylar gibi değerlendirilmiştir.

Son olarak ise bu eşik kayıp değerinden düşük yağış alan aylar hesaplamalardan çıkarılarak ortalama ve maksimum aylık akış katsayısı değerleri belirlenmiştir. Hesaplanan değerlerin düzenlenmesi esnasında bazı metotlar ile bulunan sonuçların tümü değerlendirme dışı kalmıştır.

Çizelge 8.5: Çalışmada kullanılan eşik kayıp değerleri.

Aylar	Eşik Kayıp miktarları (mm)	Aylar	Eşik Kayıp miktarları (mm)
Ocak	100	Temmuz	360
Şubat	100	Ağustos	360
Mart	150	Eylül	220
Nisan	170	Ekim	130
Mayıs	220	Kasım	100
Haziran	310	Aralık	100

Şekil 8.8'de yer alan grafikleri incelendiğinde çalışılan veri setleri ile TM'nin, RTM'ye göre daha yüksek değerler verdiği görülmektedir. Bölüm 5.3'de yapılan incelemede bu metotların karakteristiğine bağlı bir yanlılık olmadığı tespit edilmiştir. Yani farklı veri setleri ile çalışıldığında RTM daha büyük değerler üretebilmektedir. AAF metodu ile yapılan hesaplamada düzenleme sonrasında veri kalmadığı için gidiş grafiklerinde kesik çizgiler oluşmuştur. Metotlar içerisinde en başarılı bulunan RTM'de ise gidiş grafiğinin kesilmediği görülmektedir. RTM ile bulunan değerlerin havzanın aylık akış katsayıları olarak tanımlanabileceğine düşünülmektedir.

Şekil 8.8'de yer alan grafikleri incelendiğinde RTM ile bulunan aylık akış katsayılarının genel olarak 0.1 - 0.2 aralığında değişen değerler aldığı görülmektedir. Bu değerler incelenen veri seti boyunca ortalama değerlerdir. Kış aylarında değerlerin tüm havzalarda minimum değerler aldığı görülmektedir. İlkbaharın gelişi ile kar erimesine bağlı olarak aylık katsayılar artış göstermekte ve ilk pik değerini almaktadır. Havzadan havzaya aylık akış katsayısı ortalama değerlerinin davranışı değişmekle beraber genelde iki dönem değerler pik yapmaktadır. Bu aylar ilkbahar ve sonbahar mevsimlerine ait aylardır. İlkbaharda kar erimesi etkisine bağlı olarak katsayı değerleri yükselirken, yaz aylarında yağışların azalması, mevsimsel kuraklığın artmasına bağlı olarak akış katsayısı değerleri azalışa geçmektedir. Sonbahar ile beraber akış katsayısı değerleri genel olarak hafif artışlar göstermektedir.

1822 kodlu havzada akış katsayısı değerleri aylık dalgalanmalar göstermemekte yıl boyunca sabite yakın bir yatay seyir izlemektedir. Ayrıca diğer havzalar ile kıyaslanırsa tüm aylarda diğer havzalara göre düşük akış katsayısı ortalamaları göstermektedir. Bu durumun sebebinin havzanın yüzey alanının büyüklüğü olduğu düşünülmektedir, bu havza çalışılan havzalar içinde yüzey alanı en büyük olan havzadır.

Aylık akış katsayılarının maksimum değerleri bazı hassas çalışmalarda sınır hesaplamalar için kullanılabilir. Şekil 8.9'de RTM ile yapılan çalışmada aylar için bulunmuş maksimum akış katsayısı değerleri görülmektedir. Havzalarda düzenleme sonrasında maksimum akış katsayısı değerlerinin 0.4 - 0.5 aralığında değiştiği görülmektedir.

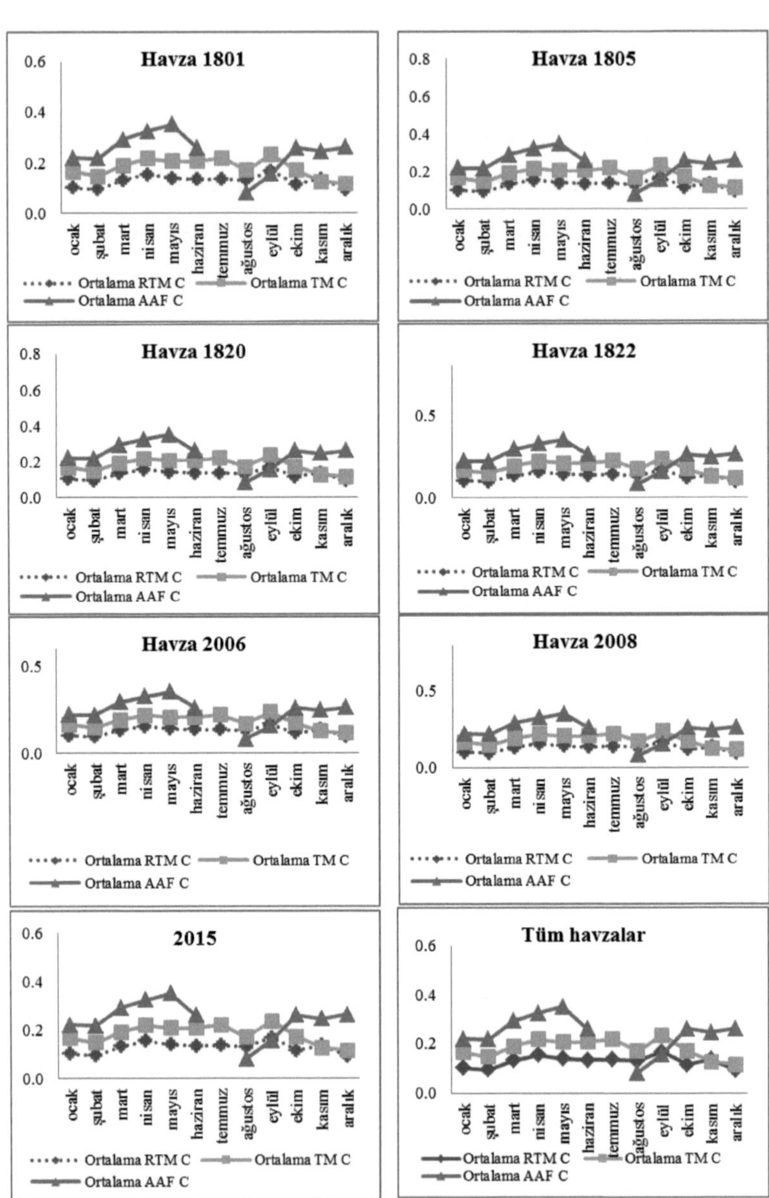

Şekil 8.8: Aylık akış katsayıları

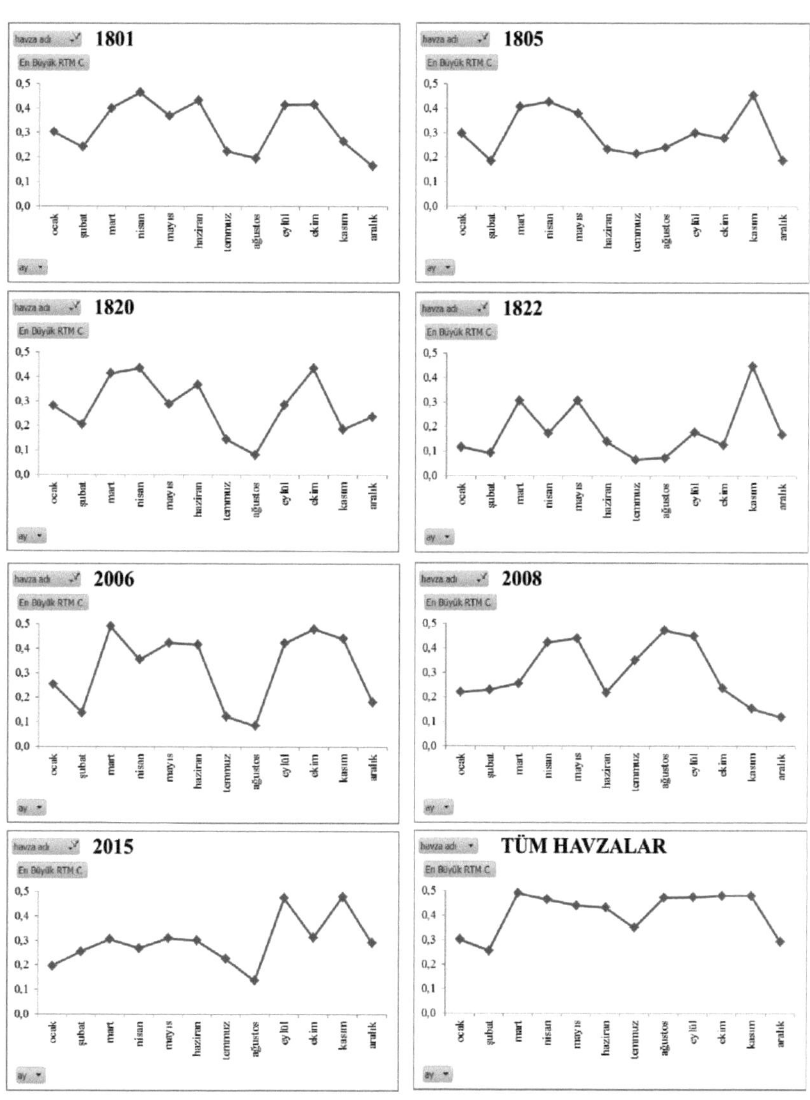

Şekil 8.9: Aylık düzenlenmiş C maksimum değerleri.

8.4 Aylık Akış Katsayılarının Zaman Serisi Olarak İncelenmesi

Bir değişkenin zaman içinde değişiminin gözlenmesi ile zaman serileri oluşur. Zaman serisi modelleri serinin geçmişte aldığı değerler ile gelecekte alacağı değerlerin tahmin edilmesine dönük metotlardır. Bozkurt (2007) zaman serilerinin özelliklerini;

Zaman serileri tesadüfi değişkenlerden, yani stokastik (olasılık kuralına bağlı) değişkenlerden oluşur. Bir zaman serisinin, deterministik ya da stokastik özellikleri incelenerek dikkate alınması önemlidir. Deterministik özellikler sabit, trend ve mevsimselliğin varlığını ortaya koyarken, stokastik özellikler, değişkenin durağanlığı (stasyonerlik) ile ilgilidir. Bir zaman serisinin durağan olması, zaman içinde belirli bir değere doğru yaklaşması, sabit bir ortalama, sabit bir varyans, ve gecikme seviyesine bağlı bir kovaryansa sahip olmasıdır. Şeklinde özetlemektedir.

Çalışmada havzalarda aylık hesaplanan akış katsayıları üzerinde zaman serisi analizleri yapılmıştır. RTM ile hesaplanan akış katsayısı değerleri zaman serisi olarak incelenmeye başlanmadan düzenlenmiştir. Bu bölümde yapılan düzenlemede kayıp eşik değerleri dikkate alınmamış sadece akış katsayısının biri aştığı değerler silinmiştir. Serideki boşluklar bir önceki ve bir sonraki ayın akış katsayılarının ortalamaları alınarak doldurulmuştur. 1801 nolu havzada zaman serisi analizi için düzenlenmiş yeni serinin gidiş grafiği şekil 8.10'da görülmektedir.

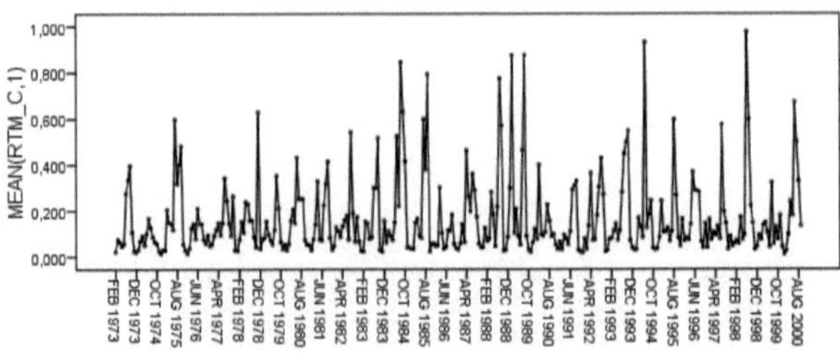

Şekil 8.10: Düzenlenmiş aylık C gidiş grafiği

Zaman serileri hem bir bilgi edinme kaynağı hemde geleceği bilmeye yarayan yöntem olarak değerlendirildiğinde, serilerde zaman içindeki büyüme eğiliminin trend, mevsimsellik, konjenktürel ve düzensiz dalgalanmalar anlamında ayrıştırılması önemlidir.

$$Y_i = T + C + S + I \qquad \textbf{(8.1)}$$

Denklemde, T; trend, C; konjenktürel hareketler(cycle), S; mevsimsellik olmak üzere zaman serisi modelinin deterministik kısmını, I ise stokastik kısmını ifade etmektedir. Bir zaman serisi frekansına bağılı olarak bu dört bileşenin birini ya da birkaçını bünyesinde barındırabilir. Değişkenlerin seyrini zaman içinde yakalayabilmek ve bu seyri doğru tanımlayabilmek için sözü edilen bileşenlerin ayrıştırılmaya gidilmesi gerekir (Şen, 2002).

Zaman serisi bileşenlerine ayrılırken iki temel yaklaşım tarzı vardır. Serinin, bileşenlerinin çarpımından oluştuğunu varsayan çarpımsal (multiplicative) model ve seriyi bileşenlerin toplamından oluşturan toplamsal (additive) model (SPSS Trends, 1999). Toplamsal yaklaşım tarzı ile ve hareketli ortalama alınırken tüm terimlere eşit ağırlık verilerek yapılan, zaman serisinin bileşenlerine ayrılması prosedürünü Makridakis ve diğ. (1983) şu şekilde açıklamıştır;

- Zaman serisinin (X_t) mevsimlik periyoda göre hareketli ortalaması alınarak yeni bir zaman serisi (Z_t) türetilir. *p* periyodu tanımlamak üzere, X_t serisinin hareketli ortalaması alınarak bulunmuş, n adet veriden oluşan Z_t serisi;

$$Z_t = \left\{ \sum_{j=t-\frac{p}{2}}^{t+\frac{p}{2}-1} \frac{X_j}{p}, t = \frac{p}{2} + 1, \ldots, n - \frac{p}{2} + 1 \right\} \qquad \textbf{(8.2)}$$

şeklinde tanımlanabilir.

- Orjinal seri ile bu serinin farkları alınır. Fark serisinin (FS) hareketli ortalamaları alınarak *zaman serisinin Yumuşatılmış Trend- Cycle*

(YTC) bileşeni bulunur. Sezonluk düzenlenmiş seri (FS) üzerinde 3x3'lük hareketli ortalama formülle gösterilecek olursa;

$$YTC_t = \frac{1}{9}[(FS)_{t-2} + 2(FS)_{t-1} + 3(FS)_t + 2(FS)_{t+1} + (FS)_{t+2}] \quad \textbf{(8.3)}$$

t= 2,....,n-2

hareketli ortalaması uygulanır. İlk 2 ve son iki terim için ise;

$$YTC_2 = {}^1/_3\,[(FS_1 + FS_2 + FS_3)] \quad \textbf{(8.4a)}$$

$$YTC_{n-1} = {}^1/_3\,[(FS_{n-2} + FS_{n-1} + FS_n)] \quad \textbf{(8.4b)}$$

$$YTC_1 = FS_2 + {}^1/_2\,[(FS_2 - FS_3)] \quad \textbf{(8.5a)}$$

$$YTC_n = FS_{n-1} + {}^1/_2\,[(FS_{n-1} - FS_{n-2})] \quad \textbf{(8.5b)}$$

denklemleri yazılabilir.

- Fark serisinin aylık ortalamaları hesaplanır, bu aylık ortalamaların medyal ortalaması alınarak sezonluk etki faktörleri hesaplanır. Orjinal seriden her ay için sabit bir değer olarak hesaplanan sezonluk faktörler çıkarılarak sezonluk bileşen ayrılmış, *sezonluk düzenlenmiş seri* elde edilir.
- Sezonluk düzenlenmiş seriden trend-cycle bileşeni çıkarıldığında orjinal serinin hata (error- çalkantı) bileşeni bulunmuş olur.

Şekil 8.11'de 1801 nolu havzada additive model kullanılarak bileşenlerine ayrılmış akış katsayıları grafiği görülmektedir.

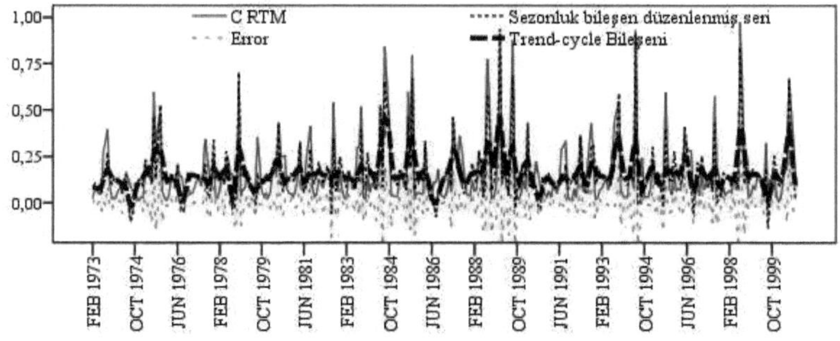

Şekil 8.11:Bileşenlerine ayrılmış aylık C zaman serisi.

Bileşenlerine ayrılmış zaman serisinde, trend bileşeninin durumu yataydır. Zaman içinde trendi artıran veya azaltan bir dış faktör görülmemektedir. Görsel bir değerlendirme ile seride trend (artış- azalış) yoktur denilebilir. Fakat bu durum zaman serisi modelleri ile detaylı incelenecektir.

Sezonluk etkiler ayrıştırılmış seri, sezonluk bileşene göre düzenlenmiş seri adıyla görülmektedir.

Bileşenlerin aylık ortalamaları şekil 8.12'de görülmektedir. 1801 havzası için aylık akış katsayısı trend ve sezonluk düzenlenmiş serinin bileşenlerinin benzer gidiş gösterdikleri görülmektedir. Seri mevsimlik etkilerden arındırıldığında bir ortalama etrafında çok az salınmaktadır. Bu durum mevsimlik bileşen ve çalkantı bileşeninin güçlü olduğunu göstermektedir. İncelenen 1801 nolu havzada akış katsayısının değişim aralığının küçük olması bu durumun pratik etkisini azaltmaktadır. Fakat akış katsayısı değişim aralığının büyük olduğu havzalarda çalışılırken, mevsimlik etki hesaplamalarda göz önünde bulundurulmalıdır.

Çalkantı bileşeni negatif değerler alabildiği için ortalaması grafik üzerinde sıfıra yaklaşmaktadır.

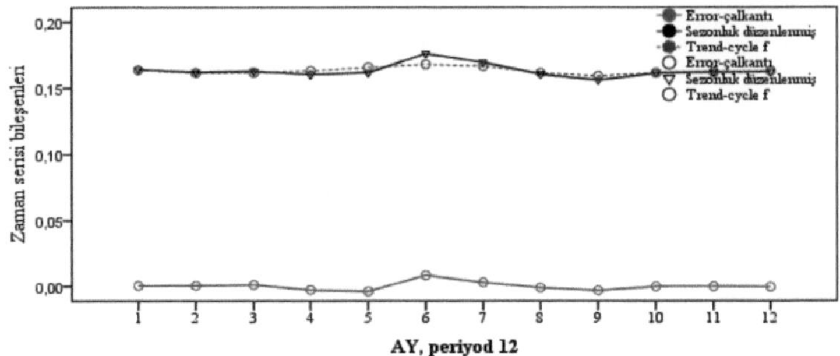

Şekil 8.12: 1801 havzasında C zaman serisi bileşenlerinin aylık ortalamaları.

Aylık etkilerin ağırlıkları çizelge 8.6'de görülmektedir. Çizelgede görüldüğü gibi kış aylarında akış katsayısı etki faktörleri negatif düşük değerler alırken yaz aylarında ise mevsimlik etkiler pozitif yüksek değerler almaktadır. Bu durum yaz aylarında akış katsayısının mevsimlik etkiler ile arttığını göstermektedir. Yaz aylarında ve uzun süren yağışsız dönemlerin ardından oluşan yağışların şiddetli olması ve yaz aylarında havzanın taban akışı beslenme oranının fazla olmasının bu durumun nedeni olduğu düşünülmektedir.

Çizelge 8.6: Sezonluk Bileşenlerin Etki Ağırlıkları.

Periyod	Sezonluk faktör ağırlığı	Periyod	Sezonluk faktör ağırlığı
Ocak	-0.0630	Temmuz	0.1896
Şubat	-0.0296	Ağustos	0.1206
Mart	0.0032	Eylül	-0.0456
Nisan	-0.0401	Ekim	-0.0756
Mayıs	0.0124	Kasım	-0.1119
Haziran	0.1330	Aralık	-0.0930

8.4.1 Akış katsayılarının zaman serisi modelleri ile incelenmesi

Bu bölümde hesaplanmış olan akış katsayısı zaman serisinde, önceki ayların etkisinin ne kadar olduğu ve hangi ayların tahmin edilen ay üzerinde etkisinin ne kadar olduğu incelenmiş, mevsimsellik 12 ay olarak tanımlanmıştır.

Zaman serisi modelleri, tahmin edilmek istenen seriyi tamamen kendi eski değerlerinin hareketine bağlı olarak tahmin eden modeller olduklarından "kapalı kutu" olarak adlandırılırlar. Zaman serisi modelleri içinde en gelişmiş olanlar Holt-Winter's üssel düzgünleştirme (HoltWinters Exponansiyel Smoothing-HWES) ve ARIMA modelleridir (Şen ve kaba, 2009). Seride bulunabilecek trend (genel eğilim) ve mevsimselliği dikkate alan Holt-Winters üssel düzgünleştirme modelinde serinin her bileşeni ayrı bir denklem kullanılarak tahmin edilir:

$$L_t = \alpha\, {}^{Y_t}/_{S_{t-s}} + (1-\alpha)(L_{t-1} + b_{t-1}) \quad \textbf{(8.6)}$$

$$b_t = \beta(L_t - L_{t-1}) + (1-\beta)b_{t-1} \quad \textbf{(8.7)}$$

$$S_t = \gamma\, {}^{Y_t}/_{L_t} + (1-\gamma)S_{t-s} \quad \textbf{(8.8)}$$

DenklemlerdeL_t serinin genel seviyesini, b_t genel eğilimi (trend), S_t de mevsimsellik bileşenini, α, β, γ ise sırasıyla bu üç bileşene ait düzgünleştirme katsayısını temsil eder. Son olarak bu üç bileşen birleştirilerek, (m) dönem ilerisine ait tahmin denklemi oluşturulur:

$$Y_{t-m} = (L_t + b_{tm})S_{t-s+m} \quad \textbf{(8.9)}$$

ES modelleri kullanılırken seride trend bileşeni yoksa Holt winters modelinin basit hali olan basit sezonluk düzleştirme yöntemi (Simple seasonal exp. Smoothing- SSES) kullanılabilir. Bu modelde trend yumuşatması yapılmamaktadır ve trendin olmadığı mevsimlik etkilerin baskın olduğu serileri modellemek için uygundur.

Çalışmada zaman serisi analizlerinde kullanılan SPSS expert modeller paket programının, ES modelleri ile modellemede akış şemasını şekil 8.13'de görülebilir.

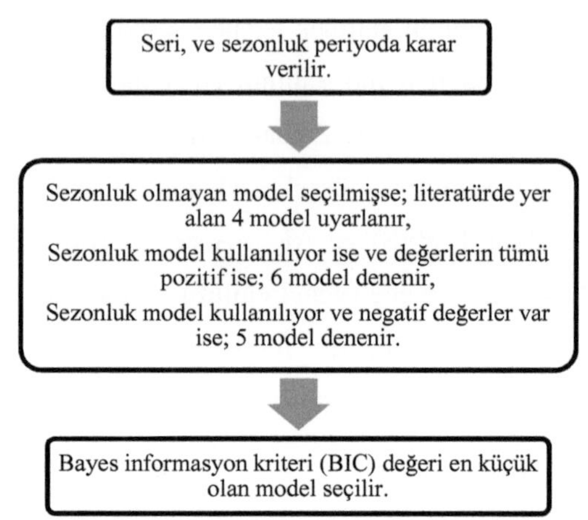

Şekil 8.13: ES modelleme adımları, (SPSS algorithm, 2007).

ES modelleri geçmiş değerlerin bugünkü değerleri tahminde zaman içinde değişen bir ağırlıkla etkili olduğu prensibine bağlı kurulan modellerdir (Fobby, 1995).

ES modelleri ARIMA ve sezonluk ARIMA (SARIMA) modellerinde olan istatistik kısıtlar olmadan kullanılabilirler, parametrelerin kalibrasyonu, veri setinin bir kısmı test için ayrılarak yapılır (Fobby, 1995).

HWES modeli fonksiyonel olarak ARIMA(0,1,s+1)(0,1,0) ile benzerdir. SSES modeli ise ARIMA(0,1,(1,s,s+1))(0,1,0) şeklinde ifade edilebilir (SPSS algorithm, 2007).

ARIMA modeli üç kısımdan oluşmaktadır. İlki otoregresif (AR) süreci, hareketli ortalamalar (MA) süreci ve ikisinin birleşiminden oluşan (ARMA) sürecidir. Durağan olmayan bir seri için fark alınması gerektiğinde ise ARMA, ARIMA'ya dönüşmektedir. I, integre (fark) derecesini göstermektedir.

AR(1) modeli üzerinde örnek verecek olursak bu katsayı gözlenen seriden elde edilir ve her değerin bir önceki değere ne kadar bağlı olduğunu gösterir (Sandy,1990). Eğer serinin gecikmeli hata terimi (e), şimdiki hata terimini etkiliyorsa hareketli ortalama süreci tanımlanır. Bir hareketli ortalama sürecinde değişkenin tahmin değeri hata terimlerinini tahmin değeri ile ilgilidir. Genel olarak MA(q) şeklinde ifade edilir. Hareketli ortalama sürecinde, her bir gecikmeli hata terimi, şimdiki değerin hata terimini etkilemektedir (Sandy,1990).

Ayrıca I (integrated) ise seri tarafından içerilen trendi ifade etmektedir. AR ve MA serileri durağanlık şartları ile çalışırken eğer durağanlığı bozan bir durum varsa bu durum fark alma ile giderilir. Fark alma işleminin mertebesi I(d) vermektedir (Sandy,1990).

ARIMA(1,0,1) modelinin doğrusal denklemi:

$$Y_t = c + \emptyset_1 Y_{t-1} + e_t + \theta_1 e_{t-1} \qquad \textbf{(8.10)}$$

Şeklinde oluşturulur. Serinin mevsim etkisi taşıması durumunda, ARIMA modelleri bu mevsim etkisini kapsayacak şekilde geliştirilir. Bu durumda notasyon ARIMA(p,d,q)(P,D,Q) şeklinde olmaktadır. Sezonluk ARIMA (SARIMA) modelinde ikinci parantez sezonluk bileşeni göstermektedir. Böylece kurulan tahmin modeli, serinin bir mevsim dönemi (örneğin veri aylıksa 12 ay) önceki değerini (Y_{t-12}) ve hata terimini (e_{t-12}) de tahmin denklemine katar. ARIMA(1,0,1)(1,0,1)$_{12}$ modelinin doğrusal denklemi:

$$Y_t = c + \emptyset_1 Y_{t-1} + \phi_1 Y_{t-12} + e_t + \theta_1 e_{t-1} + \varphi_1 e_{t-12} \qquad \textbf{(8.11)}$$

Şeklindedir. ARIMA modelleri, ES modellerine oranla daha karışık olsa da, bu her zaman doğru tahmin sağladıkları anlamına gelmez. Tersine deneysel çalışmalar ES yönteminin değişimlere daha iyi adapte olduğunu göstermektedir (Chatfield, 1996).

ARIMA ve SARIMA ile modelleme akış şeması şekil 8.14'de görülmektedir.

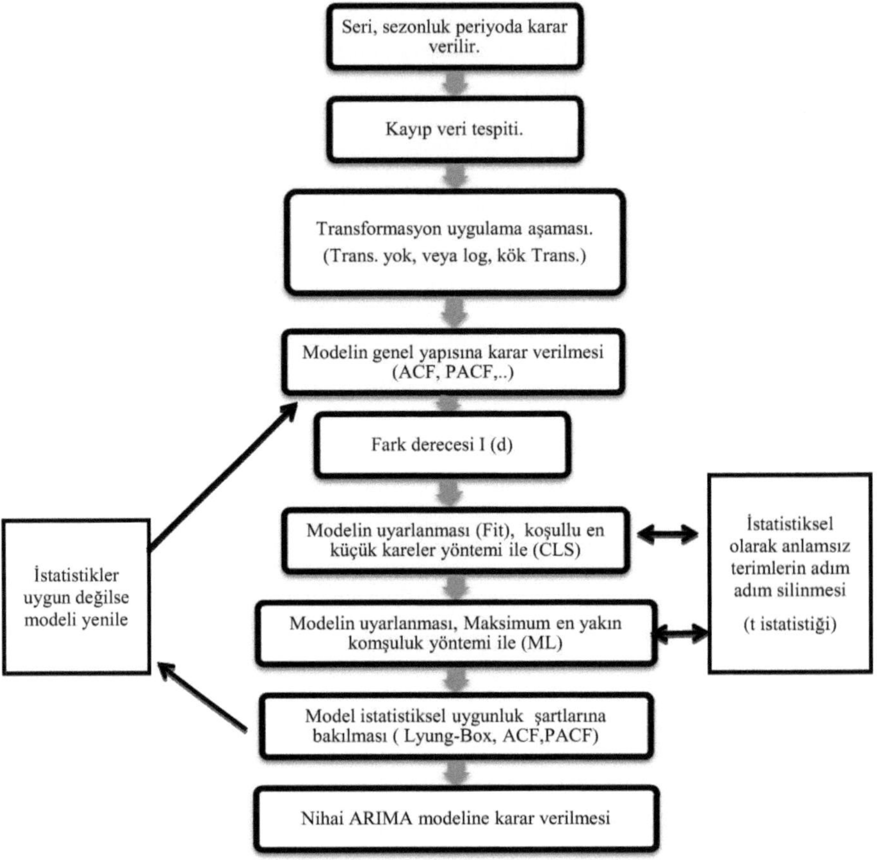

Şekil 8.14: ARIMA modelleme adımları, (SPSS algorithm, 2007).

Çalışmada SPSS trends programı içinde yer alan model yöneticisi kullanılarak uygun model belirlenmeye çalışılmıştır. ARIMA ve ES modellerinin farklı mertebeleri arasında en uygunu seçilmiştir.

8.4.1.1 Uygun modele karar verilmesi

ES modelleri YSA'ya benzer bir çalışma sistemi ile ilk tahmin değerleri atayarak ve tahmin ile tahmin edilen serinin istatistiksel uygunluk şartlarını hangi oranda sağladığına bakılarak yumuşatma değerlerinin iteratif olarak değiştirilmesi esasına dayanmaktadır. Bu yönüyle daha esnek fakat bilgisayar uygulamaları kullanılmadan uygulanması daha zordur.

Kurulacak zaman serisi modelinde ARIMA(p,d,q) mertebelerine karar verilirken öncelikle serinin durağan olup olmadığına ve durağanlığın yapısına karar verilmelidir. Bunun için serinin otokorelasyon (ACF)ve kısmi otokorelasyon (PACF) değerleri incelenmelidir. Bu inceleme ARIMA(p,d,q) dereceleri hakkında fikir verecektir. SPSS Trends'de (1999) ARIMA modeli derecelerine karar verilirken görsel ipuçları teorik olarak şu şekilde anlatılmıştır;

- AR(p) serisinde ACF diyagramı exponansiyel azalan, PACF grafiği ise ilk bir kaç p gecikme sayısında p adet yüksek değer (anlamlılık üst ve alt limitlerini aşan) veren şeklindedir.
- MA(q) serisinde PACF diyagramı exponansiyel azalan, ACF grafiği ise ilk bir kaç q gecikme sayısında q adet yüksek değer (anlamlılık üst ve alt limitlerini aşan) veren şeklindedir.
- ACF değerleri çok yavaşça azalıyor ise serinin durağan olmadığından şüphelenilir. Fark almak gerekmektedir. I(d) değeri genelde 1 veya 2'yi geçmez. Durağan olmayan seriler (nonstationary) 6-7 gecikme sonrasında bile büyük (anlamlı) ACF değerleri gösterirler.
- ARMA karışık modellerde ACF ve PACF beraber exponansiyel azalır.
- Sezonluk serilerde bu davranışlar sezonluk olarak gözlenir. Sezonluk serilerde anlamlı bazı korelasyon değerleri tekil olarak aralarda görülebilir. Bu değerler diğer sezonlarda görülmüyorsa ihmal edilebilir.

Bu şekilde karar verilen değerler ile ARIMA modeli kurulur ve tahmin başarısına bakılır. Tahmin başarısı kurulan modelin doğruluğu adına bir kıstastır. Bir diğer kıstas ise yeni oluşturulan serinin hata değerlerinin ACF ve PACF diyagramlarında büyük (anlamlı) değerler olmamasıdır.

1801 havzasında RTM ile bulunmuş akış katsayılarının gecikme (lag) süresi 36 aya kadar uzatıldığında, otokorelasyon grafiği (ACF) gidişi (korelagram) ve kısmi otokorelasyon (PACF) grafikleri şekil 8.15 ve 8.16'da görülmektedir. Burada

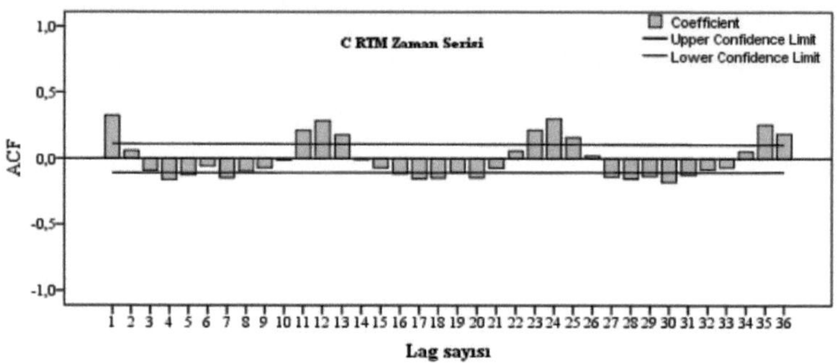

Şekil 8.15: C değerlerinin korelagramı (ACF).

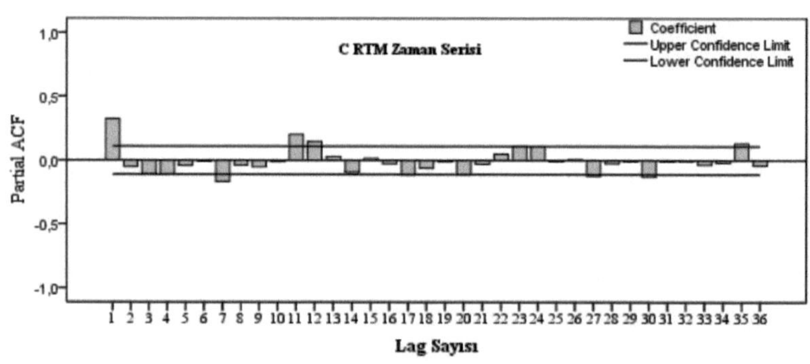

Şekil 8.16: C değerlerinin kısmi korelagramı (PACF).

ACF grafiğinin exponansiyel azaldığı ve PACF grafiğinde ilk lagda büyük değer aldığı ve diğer gecikmelerde anlamlı değer gözlenmediği görülmektedir. Ayrıca 12 aylık 3 sezonda benzer davranışlar serinin sezonluk bir seri modeli ile modellenmesi gerektiğini göstermektedir. Seride 12 aylık gecikmeler ile ACF ve PACF büyük değerler göstermektedir.

ACF ve PACF grafikleri görsel değerlendirmesine uygun olarak, SPSS time series expert programı SARIMA modelleri arasında en uygununu seçmek için çalıştırıldığında 1801 havzası için en uygun SARIMA modeli ARIMA(1,0,0)(0,1,1) olmaktadır. ARIMA(0,0,1)(0,1,1) notosyonunda birinci parantez sezonluk olmayan bileşeni ikinci parantez sezonluk bileşeni göstermektedir.

ES modellerinide değerlendirmeye katarak en uygun modeli bulma prosedürü işletildiğinde Bayes Bilgi Kriteri (BIC) en küçük model uygun model olarak tespit edilmektedir (SPSS algorithm, 2007).

8.4.1.2 Kurulan zaman serisi modelleri ve istatistikleri

1801 havzası akış katsayıları SARIMA ile modellendiğinde en yüksek stasyoner R kare değerini ARIMA(1,0,0)(0,1,1) modelinde almaktadır. Sezonluk periyodikliğin olmadığı varsayıldığında en uygun model ARIMA (2,0,12) olmaktadır. ARIMA, SARIMA ve ES modelleri içinde en uygun olan model basit sezonluk eksponansiyel (SSES) model olarak bulunmuştur.

Modelerde periyodiklik (sezonluk bileşen) var ise R kare yerine stasyoner R kare kullanılması tavsiye edilmektedir. Stasyoner R kare serilerin stasyoner bileşenleri üzerinde hesaplanır (SPSS algorithm, 2007).

Kurulan modellerin uygunluğunun bir diğer kıstası ise hataların ACF ve PACF diyagramlarıdır. Bu diyagramların anlamlı (büyük) otokorelasyon değerleri vermemesi istenmektedir. Kurulan modellerin uygunluk istatistikleri çizelge 8.7'de görülmektedir. Görüldüğü gibi 1801 havzası için yapılan zaman serisi tahmin modelinde en başarılı ESES modeli olmuştur. Bu modelin stasyoner R kare kısmı 0.7 değerinde ve R kare değeri 0.3 mertebesinde hesaplanmıştır.

Modellerin tahminlerinin hataları üzerinde Ljung-Box Q istatistiği hesaplanmaktadır. Bu istatistik sınama testi ile hata terimlerinin otokoralesyon göstermediği sınanır (SPSS algorithm, 2007).

Çizelge 8.7: 1801 nolu havzada C tahmini için kurulan zaman serisi modelleri.

	Model uyum istatistikleri		Ljung-Box Q		
Model Adı	Stasyoner R kare	R kare	İstatistikler	DF	Sig.
SSES	0.691	0.288	21.822	16	0.003
SARIMA(1,0,0)(0,1,1)	0.449	0.214	18.371	16	0.003
ARIMA(2,0,12)	0.274	0.16	28.185	14	0.013

Stasyoner R kare ve toplam R kare değeri en yüksek model olan ESES modelinin, hata ACF ve PACF diyagramları şekil 8.17'de görülmektedir. Anlamlı derecede büyük otokorelasyon görülmemektedir.

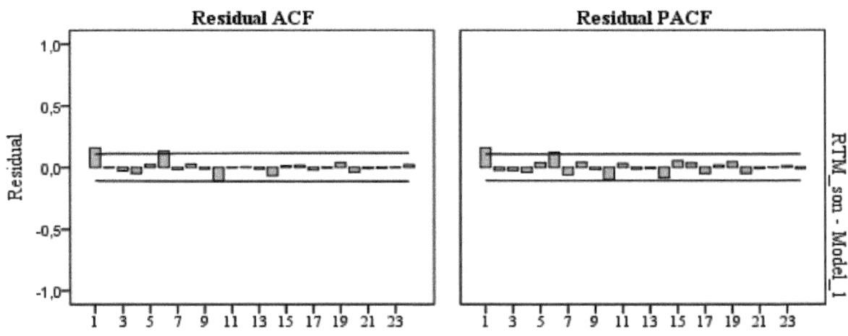

Şekil 8.17: SSES modeli hatalarının korelagramları

1801 nolu havza akış katsayıları için hesaplanan akış katsayıları (gözlenen değerler- observed) ve modellerle tahmin edilen değerlerin (fit) gidiş grafikleri Şekil 8.18, 8.19 ve 8.20'de sırası ile SSES, SARIMA ve ARIMA modelleri için görülmektedir. Diğer havzalar için bulunan en uygun modellerin tahmin (fit) değerleri ve gözlenen değer (observed) grafikleri EK J'de incelenebilir. Grafikler incelendiğinde, 1801 havzasında çalışılan veriler üzerinde modellerin ekstrem değerleri tahminde başarısız oldukları görülmektedir. Bu durum aylık akış katsayılarının uç değerler almasının, bir önceki değerle veya bir önceki yılın aynı ayına ait değerle tahmin edilemediğini ortaya koymaktadır. Başka bir ifade ile akış katsayısının 0.5'i aştığı değerler kullanılan modeller ile zamana bağlı bir fonksiyon olarak ifade edilememektedir.

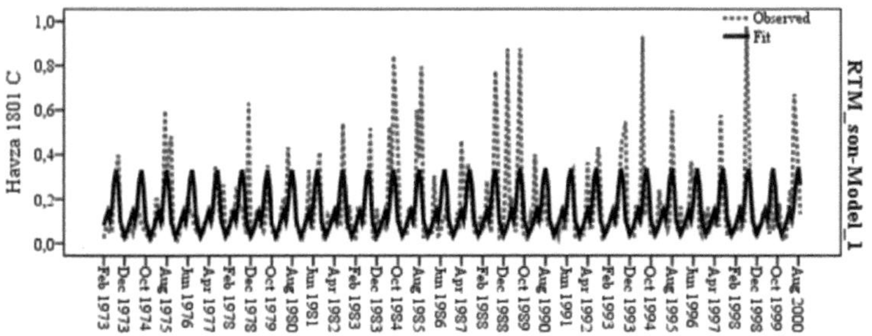

Şekil 8.18: 1801 havzası C değerleri ve SSES modeli tahmin grafiği.

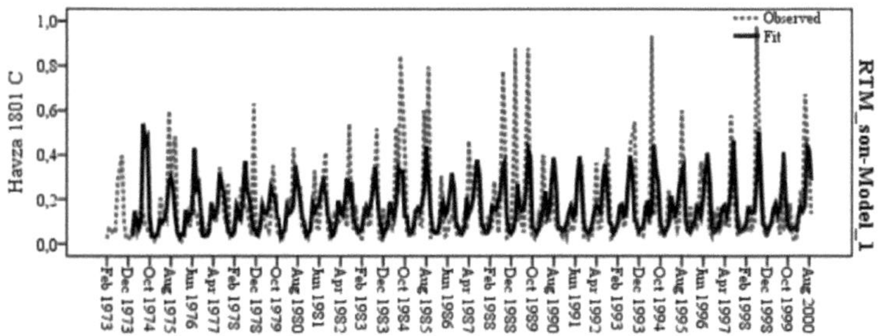

Şekil 8.19: 1801 havzası C değerleri ve SARIMA modeli tahmin grafiği.

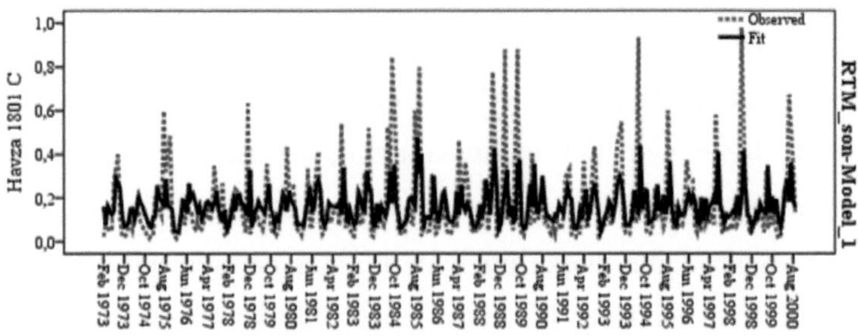

Şekil 8.20: 1801 havzası C değerleri ve ARIMA modeli tahmin grafiği.

Aylık ortalamalar alındığında tekil uç değerlerin (C> 0.5) etkisi azaldığı için, model tahmin değerleri ve gözlenen değerlerin aylık ortalama akış katsayısı değerleri birbirlerine çok yakın çıkmaktadır. Şekil 8.21'de 1801 havzasında hesaplanan akış katsayıları ve zaman serisi tahminleri aylık ortalamalar alınarak gösterilmektedir.

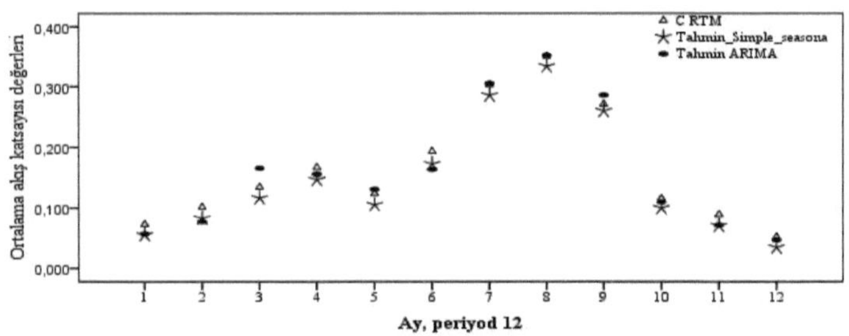

Şekil 8.21: ARIMA ve SSES ile modellenmiş C aylık ortalamaları.

8.4.1.3 Tüm havzalarda zaman serisi modellerive istatistikleri

1801 havzasında detaylı anlatılan akış katsayıları modelleme çalışması, tüm havzalarda 12 aylık periyodik mevsimlik gözetilerek yapılmıştır. Ayrıca karşılaştırma maksadı ile mevsimlik bileşenin varlığı gözardı edilerek ARIMA modeli uydurulmaya çalışılmıştır. Her havza için en uygun ARI-

MA, SARIMA ve ES modelleri ve model istatistikleri çizelge 8.8'da görülebilir.

Çizelge 8.8: Tüm havzalarda aylık Ctahmini için en uygun modeller.

Havza adı	Model adı	Model Uyum Değerlendirmesi		Havza adı	Model adı	Model Uyum Değerlendirmesi	
1801	SSES	Stasyoner R^2	0.69	2006	SSES	Stasyoner R^2	0.70
1801	SSES	R^2	0.29	2006	SSES	R^2	0.28
1801	SARIMA (1,0,0)(0,1,1)	Stasyoner R^2	0.45	2006	SARIMA (1,0,0)(0,1,1)	StasyonerR^2	0.44
1801	SARIMA (1,0,0)(0,1,1)	R^2	0.21	2006	SARIMA (1,0,0)(0,1,1)	R^2	0.22
1801	ARIMA (2,0,12)	Stasyoner R^2	0.27	2006	ARIMA (2,0,12)	Stasyoner R^2	0.35
1801	ARIMA (2,0,12)	R^2	0.16	2006	ARIMA (2,0,12)	R^2	0.15
1805	SSES	Stasyoner R^2	0.71	2008	HWES	Stasyoner R^2	0.70
1805	SSES	R^2	0.27	2008	HWES	R^2	0.19
1805	SARIMA (0,0,1)(0,1,1)	Stasyoner R^2	0.38	2008	SARIMA (0,0,1)(1,0,1)	Stasyoner R^2	0.26
1805	SARIMA (0,0,1)(0,1,1)	R^2	0.15	2008	SARIMA (0,0,1)(1,0,1)	R^2	0.12
1805	ARIMA (0,0,5)	Stasyoner R^2	0.17	2008	ARIMA (0,0,12)	StasyonerR^2	0.14
1805	ARIMA (0,0,5)	R^2	0.07	2008	ARIMA (0,0,12)	R^2	0.07
1820	SSES	Stasyoner R^2	0.68	2015	SSES	Stasyoner R^2	0.67
1820	SSES	R kare	0.28	2015	SSES	R kare	0.27
1820	SARIMA (0,0,0)(1,0,1)	Stasyoner R^2	0.34	2015	SARIMA (2,0,1)(1,0,1)	Stasyoner R^2	0.42
1820	SARIMA (0,0,0)(1,0,1)	R^2	0.21	2015	SARIMA (2,0,1)(1,0,1)	R^2	0.30
1820	ARIMA (2,0,12)	Stasyoner R^2	0.27	2015	ARIMA (2,0,13)	Stasyoner R^2	0.33
1820	ARIMA (2,0,12)	R^2	0.28	2015	ARIMA (2,0,13)	R^2	0.21
1822	HWES	Stasyoner R^2	0.73				
1822	HWES	R^2	0.27				
1822	SARIMA (2,0,1)(1,0,1)	Stasyoner R^2	0.32				
1822	SARIMA (2,0,1)(1,0,1)	R^2	0.21				
1822	ARIMA (2,0,12)	Stasyoner R^2	0.22				
1822	ARIMA (2,0,12)	R^2	0.10				

Çizelgeler incelendiğinde akış katsayılarını tahmin başarısı en yüksek modellerin ES modelleri olduğu görülmektedir. Bu model tipinin

ARIMA'ya göre daha esnek olduğu bilinmektedir. İki havza için en uygun ES modeli, Holt-Winter üssel düzgünleştirme modeli bulunmuştur. Bu model trend yumuşatması içerdiği için seride bir trendin var olduğunu düşünülmektedir. Yumuşatma katsayısının büyüklüğü trendin büyüklüğü hakkında fikir verebilir. Çizelge 8.9'da 1822 ve 2008 nolu havzalarda HWES modelinin katsayı tahminleri görülmektedir. Bu havzaların trend bileşenleri varsa bile çok küçüktür.

Çizelge 8.9: HWES modeli katsayıları.

	Havza 1822	Havza 2008
	Katsayı tahmini	
Alpha (Seviye)	0.005	0.02
Gamma (Trend)	0.0001	0.00001
Delta (Mevsimsellik)	0.001	0.001

Zaman serisi modelleri serilerin trend-cycle ve mevsimsel bileşenlerinden oluşan stasyoner kısımlarını modellemekte başarılı olmuşlardır. Fakat akış katsayının çalkantı bileşenlerinin oluşturduğu stasyoner olmayan kısımlar ile beraber tahmin edilmek istendiğinde, tahmin ve gözlem R kare değerleri oldukça küçülmektedir. Bu durum kullanılan modellerin stasyoner olmayan kısımları modellemekte başarılı olmadığını göstermektedir.

8.5 Akış Katsayısı Havza Alanı İlişkisi

Çalışılan havzalar yüzey, zemin ve iklim şartları açısından benzer özellik gösterdiği için havza alanı ile akış katsayısının değişimi araştırılmıştır. Havza alanının artışı ile akış katsayısının azaldığı tespit edilmiştir.Yıllık akış katsayıları, havza alanı ilişkisinde en yüksek korelasyon ilişkisi R^2=0.57 ile 1974 ve 1993 yıllarında rastlanmıştır. Şekil 8.22'de 1993 yılı akış katsayıları ile havza alanları dağılım grafiği görülmektedir. Aylık akış katsayıları ve havza alanları arasında yapılan incelemede ise Alan- akış katsayısı ilişkisinin istatistiksel olarak en güçlü olduğu aylar eylül, haziran ve ekim aylarıdır. Sırası ile R^2 değerleri 0.73, 0.52 ve 0.40 olarak hesaplanmıştır. Ocak, şubat, mart ve kasım aylarında ise R kare değeri sıfıra yakın hesaplanmıştır. Bu aylarda akış katsayısı değeri ile alan arasında anlamlı bir ilişki yoktur. Mart ayı dışında tüm aylarda havza alanı ile akış katsayısı arasında negatif korelasyon ilişkisi tespit edilmiştir. Bu ise alan ile akış katsayısı değerlerinin zıt değiştiğini göstermektedir.

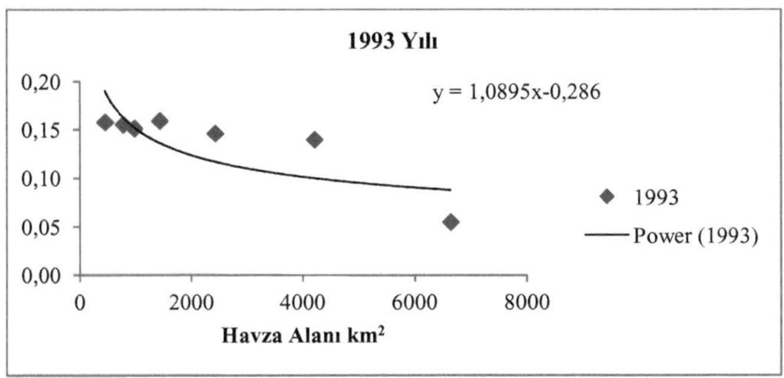

Şekil 8.22: Havza alanı ve 1993 yılı C değerleri dağılım grafiği.

Mevsimlere göre aylık akış katsayısı ve alan saçılma grafikleri ve regresyon denklemleri çıkarılmıştır. Şekil 8.23'de görüldüğü gibi mart ayı dışında tüm aylar için regresyon denklemleri üssel azalan fonksiyonlardır.

8.6 Akış Katsayısı Havza Eğimi İlişkisi

Havzaların ortalama eğimleri ile aylık akış katsayılarının ilişkisi araştırılmıştır. Akış katsayısının havza eğimi ile arttığı düşünülmektedir. Çalışılan havzalarda tüm aylar için bulunan akış katsayıları ile havza eğimleri arasında pozitif korelasyon ilişkisi olduğu tespit edilmiştir. Kasım ayı dışında tüm aylarda hesaplanan akış katsayıları ile havza eğimi doğru orantılı olarak artmaktadır. Havza alanına nisbeten havza eğimi ile akış katsayıları arasında daha yüksek R kare değerleri olduğu tespit edilmiştir. En yüksekR kare değeri, ocak ayları akış katsayısı değerleri ile havza eğimleri arasında, 0.78 olarak hesaplanmıştır. Mevsimlere göre aylık akış katsayıları ile havza eğimlerinin saçılım grafikleri şekil 8.24'de görülmektedir. Saçılım diyagramları üssel regresyon denklemlerinde kısım ayı dışında tüm aylarda üssel katsayılar pozitif değerler almaktadır.

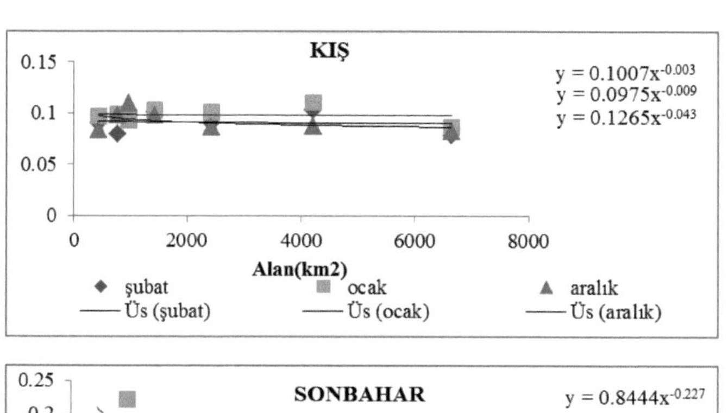

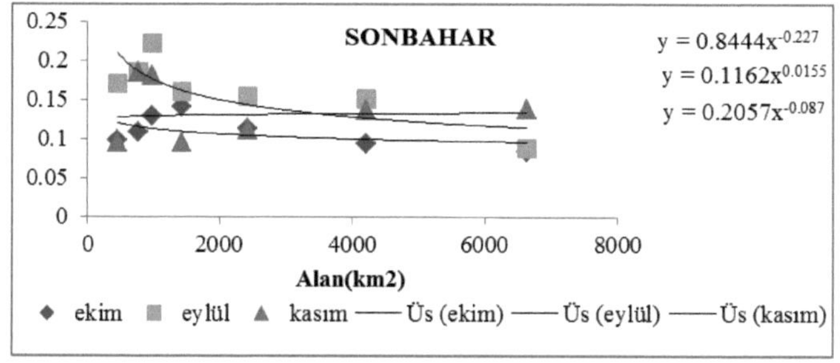

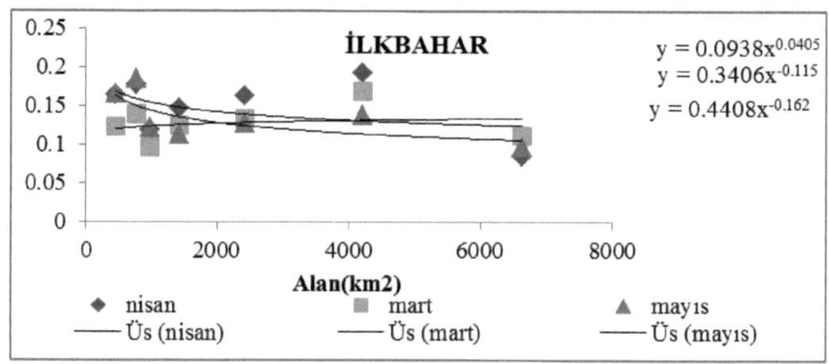

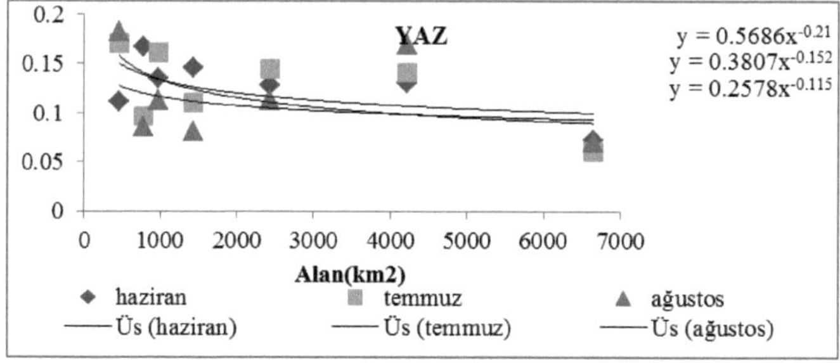

Şekil 8.23: Havza alanı ve Aylık C ilişkisi.

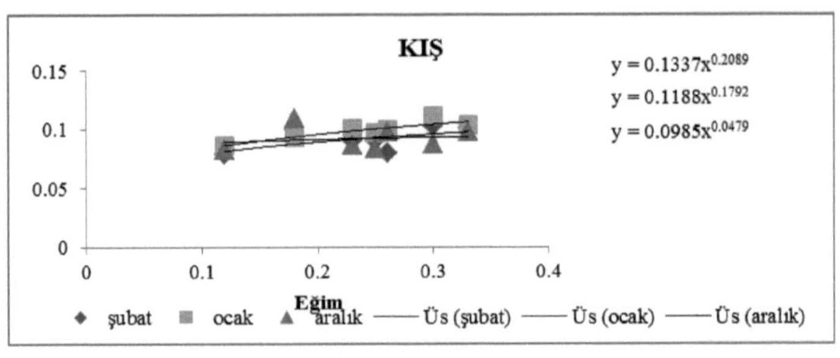

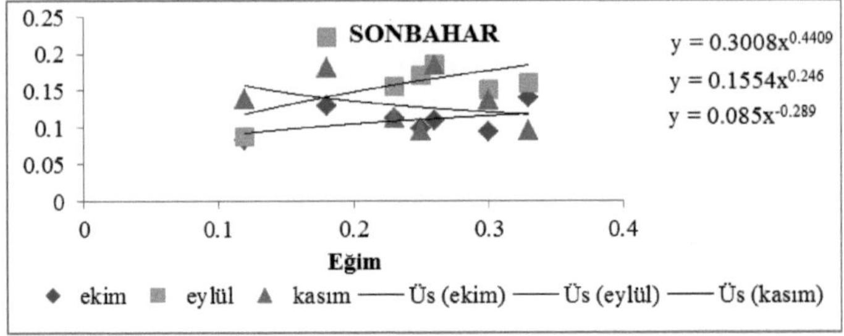

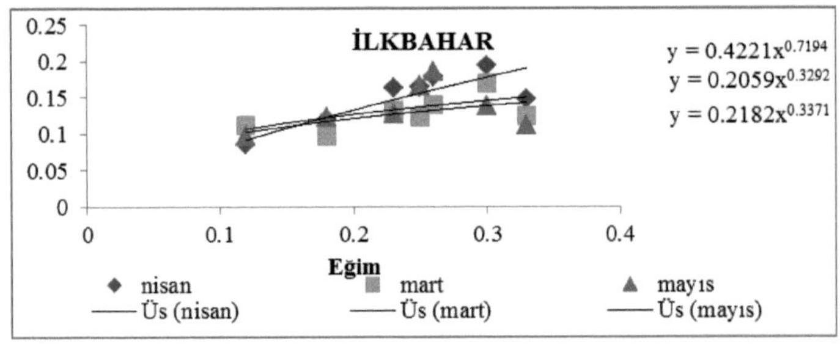

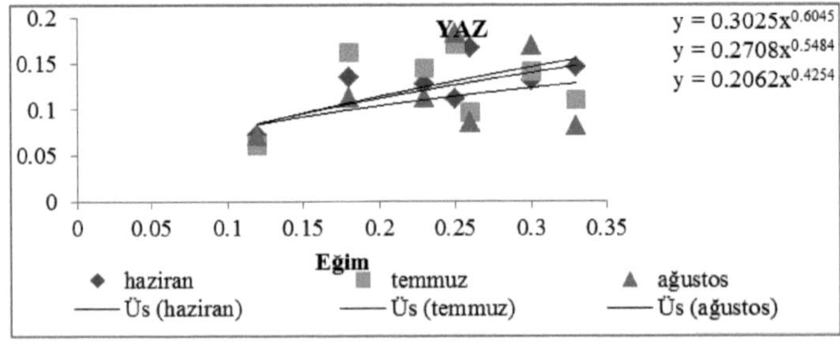

Şekil 8.24: Havza eğimi aylık C ilişkisi.

9. OLAY ODAKLI AKIŞ KATSAYISI İNCELEMELERİ

9.1 Literatür Özeti

Yirminci yüzyılın başlarından itibaren literatüre (ör: Sherman, 1932) giren olay odaklı akış katsayıları, günümüzde taşkın frekans çalışmalarında (ör: Sivapalan ve diğ., 2005) ve mühendislik hidrolojisinde sıkça kullanılan, havzanın yağış akış davranışını modellemede kullanılan bir katsayıdır. Olay odaklı akış katsayıları bulunurken inceleme;

- Tekil yağış akış olaylarının başlangıç ve bitiş zamanlarının tespiti,
- Gözlenmiş debi hidrografında taban akışı ve dolaysız akışın ayrıştırılması,
- Akış yüksekliği ile yağış yüksekliğinin oranlanması ve akış katsayılarının tespitini içeren,

adımlarıyla yapılır. Araştırmacıların ellerindeki veriler ve kurdukları havza modellerine göre olayın başlangıç ve bitiş zamanlarının tespitinde kullanılan metotlar değişmektedir.

Blume ve diğ. (2007) olay odaklı akış katsayılarının havzanın mevsimsel davranışının ve yüzeyin yağışı nasıl akışı çevirdiğinin anlaşılmasında önemli bir anahtar parametre olduğunu belirtmektedir.

Merz ve diğ. (2006) Avusturya'da boyutları 80-10000 km^2 arasında değişen 337 havzaya ait saatlik yağış, akış ve kar erimesi verileri ile yaptıkları çalışmada 50000 yağış akış olayı incelenmiş ve olay tabanlı akış katsayılarının mekansal ve mevsimsel dağılımlarını incelemişlerdir. Yaptıkları çalışmada akış katsayısının mekansal dağılımının yıllık ortalama yağış miktarı ile çok yüksek korelasyon sağlamasına rağmen zemin toprak cinsi ve arazi kullanımı ile çok düşük korelasyon gösterdiğini tespit etmişlerdir. Aynı çalışmada elde ettikleri bulgulara göre, birbirine yakın olayların akış katsayıları iklimsel farklılık gösteren bölgelerde ciddi değişiklikler göstermiştir. Bu değişim oranları aynı iklimsel bölge içindeki farklı büyüklüklere ait olayların akış katsayılarının değişmesi oranına göre daha fazla çıkmıştır.

Benzer bir çalışmayı Naef (1993) isviçrede 100 havzada en büyük 5-10 yağış akış olayı üzerinde yaptığı çalışmasının sonucunda akış katsayısının havza ve iklim şartları ile ilişkisinin son derece karmaşık olduğunu, bu yüzden akış katsayılarının rastgele değişkenler olarak tanımlanabileceğini belirtmiştir.

Cerdan ve diğ. (2004), Fransa'da 3 farklı büyüklükteki havzaya ait 345 yağış akış olayının ait akış katsayılarını incelemiş ve akış katsayılarının havza alanı ile azaldığını tespit etmişler.

9.2 OO Akış Katsayısı yönteminin günlük verilere uyarlanması

Çalışmada akış katsayısının bulunmasında kullanılan metotlar yıllık, aylık ve günlük hesaplamalarda elde edilen sonuçlara göre değerlendirildiğinde RTM'nin en başarılı metot olduğu saptanmıştır. Olay tabanlı akış katsayısı hesaplamalarında bu metot ile bulunan alansal yağış ve EDA değerleri kullanılacaktır.

Olay odaklı akış katsayısı hesaplamalarında tekil yağış akış olaylarında havzanın davranışı incelendiği için genellikle sürekli veya saatlik veriler ile çalışılmaktadır. Bu yüzden olay odaklı akış katsayısı hesapları gözlem verilerinin yeterli olduğu havzalarda uygulanabilmektedir.

Ülkemizde birçok havzada saatlik veya sürekli gözlem yapılmamaktadır. Günlük toplam yağış miktarı bilinmekte fakat bu yağışların süresi ve yoğunluğu bilinmemektedir. Debi gözlemleri için de benzeri bir durum geçerlidir. Debi gidiş çizgisinin gün içindeki salınımları bilinmemektedir. Bu durumda yağış ve yağışın doğurduğu debi hidrografı tespit edilememektedir.

Bu çalışmada literatürde son yıllarda önemli bir yer tutan olay tabanlı akış katsayısı hesaplama yöntemi günlük verilere uyarlanmıştır. Yapılan uyarlama ile incelenen durum, tekil bir yağış akış olayı değil, yağışlı bir zaman aralığın doğurduğu süreçtir. Saatlik hesaplamalarda ki saat kavramı incelenen süreçte yerini, gün kavramına bırakmıştır. Çalışmada günlük debi hidrografı üzerinde taban akışı ve dolaysız akışın ayrılmasında bölüm 6.1'de detaylandırılan, dijital filtreleme yöntemi kullanılmıştır.

İncelenecek süreçlerin tespitinde iki kıstas beraber aranmıştır,

- Günlük debi hidrografı üzerinde bir gün önce ve bir gün sonra o günkü debiyi geçen debi değeri olmamalıdır yani o gün pik debi olmalıdır,
- Pik debi olan gün dolaysız akışın (Q_d) taban akışına (Q_b) oranı en az 2 olmalıdır.

Bu iki şart gerek şart olarak aranmıştır. İncelenecek süreçlerin pik noktaları tespit edildikten sonra, pik debiden önce yağışın hidrograf üzerinde etkisinin hissedildiği ilk nokta ve pik debi sonrasında yağışların hidrograf üzerinde tesirinin hissedilmeyecek kadar küçük olduğu ilk nokta araştırılmıştır. Pik debi gününden $\left(t_p\right)$ öncesinde ve sonrasında araştırılan bu noktalar sürecin başlangıç $\left(t_{baş}\right)$ ve bitiş (t_{bit}) noktalarıdır.

Süreçlerin başlangıç ve bitiş noktaların bulunmasında iteratif bir yaklaşım benimsenmiştir. Pik debi anında dolaysız akış debisinin (Q_{d,t_p}) , süreç başlangıç noktası anındaki debi değerine oranı $(Q_{d,t_{baş}})$ bir ξ değerinden küçük olmalıdır. Bu ξ değeri ise kademeli olarak artırılmıştır. Süreçlerin başlangıç ve bitiş noktalarını araştırma belli bir Δt zaman aralığı içinde yapılmalıdır, bu zaman aralığında ξ aranan en küçük değeri bulunamazsa, ξ' nun ikinci değeri t_p'den itibaren geri ve ileri yönde araştırılır. Çalışmada iterasyon yapılırken 14 adet değer kullanımıştır. Bu değerler ξ=0.01,0.03,0.05,0.07,0.1,0.15,0.2,0.3,.....,0,9 şeklinde hassasiyet derecesi kademeli olarak artırılarak seçilmiştir. Olay tabanlı akış katsayısı çalışmalarında, başlangıç ve bitiş zamanlarının tespitinde saatlik verilerle benzer iteratif yaklaşımlar kullanılmaktadır. (ör: Merz vediğ, 2006; Norbiato ve diğ, 2009)

Süreçlerin başlangıç ve bitiş zamanlarının araştırıldığı dönemler için maksimum bir araştırma süresi seçilmesi gerekmektedir. Aksi halde iterasyon, veri serisinin başına ve sonuna kadar sürecektir ve mutlaka ξ'nun en küçük değeri olan 0,01 değerinde

$$\frac{Q_{d,t_{baş}}}{Q_{d,tp}} < 0.01 \qquad \textbf{(9.1)}$$

şartı sağlanacaktır. Bu durumun önüne geçmek için farklı metotlar uygulanarak incemeyi kısıtlayan Δt zaman aralıkları tespit edilmektedir. Bu çalışmada Δt süresi, *"kırılma noktası"* olarak tespit edilen noktalara kadar devam ettirilmiştir. Kırılma noktası, İngiliz Hidroloji Enstitüsü (İH) tarafından günlük toplam debinin tümünün taban akışı tarafından karşılandığı gün olarak tanımlanmaktadır (İH, 1980). İH tarafından geliştirilen bir taban akışı ayırma yöntemi olan yuvarlanmış minimumlar yönteminde kırılma noktalarında dolaysız akışın sıfır değerini aldığı günlerdir. Bu noktaları bulmak için öncelikle debi 5 günlük tekrarlanmayan dilimlere ayırılmakta, her bir beş günlük dilimde minimum değer tespit edilmektedir. Sonra bu değerler bir önceki ve bir sonraki değerler ile kıyaslanmakta ve ikisinin de 0.9 katından küçük olan değerler, kırılma noktası olarak isimlendirilmektedir.

Süreçler incelenirken sürecin başlama noktasından önceki beş gün toplam yağış ve süreç öncesi on günün ortalama debisi hesaplanmıştır.

Çok pikli süreçler bir süreç olarak incelenmiştir. Bu durumlarda ilk pikin öncesinde başlangıç, son pikin sonrasında bitiş noktası araştırılmıştır.

9.2.1 İncelenen süreçler ve akış katsayıları

Çalışılan yedi havzada ${Q_d}/{Q_b} \geq 2$ şartını sağlayan 516 süreç incelenmiştir.

Hesaplanan akış katsayısı değerininbiri aştığı 4, 0.5'i aştığı 8 ekstrem durum tespit edilmiştir. Çizelge 9.1'de görüldüğü gibi akış katsayısının biri aştığı süreçlerin hepsinde ortalama yağış miktarları çok küçüktür. Süreçlerdeki kayıp eşikleri yağış miktarından büyük olduğu için biri aşan durumlar değerlendirme dışı tutulmuştur.

Yağışlı sürecin ardından ${Q_d}/{Q_b} \geq 2$şartını sağlayan yağışlı bir süreç geldiği bazı durumlarda akış katsayısı 0.5'i aşan değerler alabilmektedir. Çizelge 9.1'de bu durumlar işaretlenmiştir (*). Bu süreçlerde ortalama yağış miktarı havza kayıp eşiğini geçmektedir. Akış katsayısının bire yakın değer aldığı diğer durumlarda süreç ortalama yağışın küçük değerler aldığı ve kayıp eşiğinin altında olduğu tespit edilmiştir. Çalışılan havzalarda akış katsayılarından ortalama değerler alınırken katsayının 0.05-1 aralığındaki değerler ile çalışılmıştır.

Çizelge 9.1: Süreç odaklı akış katsayılarının 0.5'i aştığı durumlar.

Havza Kodu	10 Gun Onceki Ort. Debi (m^3/s)	Süreç Ort. Yağış (mm)	Süreçte Ortalama Debi (m^3/s)	C Rtm
1801	29.8	5.0	66.6	1.2
2008	3.7	0.5	2.4	13.8
2008	6.6	4.9	12.9	1.0
1801*	43.9	45.7	509.0	0.7
1820	41.8	9.6	28.7	0.8
2006	8.0	9.8	19.5	0.5
2008	6.8	6.1	3.2	0.6
2008*	22.0	18.6	25.9	0.6
2008	2.1	0.8	2.9	7.0
1801*	54.1	12.8	77.5	0.5
2015	12.9	8.4	15.6	0.7

Çizelge 9.2:Düzenlenmiş C'lerin ortalama ve maksimum değerleri.

	havza kodu	havza alanı	İncelenen süreç sayısı	Düzenlenmiş değerler	
				C ort	C maks
seyhan havzaları	1801	2432	67	0.14	0.68
	1805	4210	88	0.13	0.48
	1820	1424	85	0.15	0.78
	1822	6641	27	0.07	0.12
ceyhan havzaları	2006	767	48	0.16	0.59
	2008	446	180	0.14	0.63
	2015	968	21	0.16	0.68

9.3 OO Akış Katsayıları ve ZO Akış Katsayılarının Değerlendirilmesi

RTM metodu üzerinden zaman odaklı ve süreç odaklı yaklaşım tarzları metotların ürettiği sonuçlar üzerinden kıyaslanmıştır. Çizelge 9.3'de metotlar genel sonuçlar üzerinden değerlendirilmektedir. Hesaplanan yıllık akış katsayılarının biri aşan değerler verme ve negatif sapma oranları çok düşüktür fakat yıl içinde akış katsayısının değişimi ile ilgili fikir vermemektedir.

Daha az anormal değer ve negatif sapma üretildiği için, yıl altı zaman dilimleri ile çalışılırken süreç odaklı bir yaklaşım tarzının benimsenmesi gerektiği düşünümektedir.

Çizelge 9.3: ZO ve OOmetotların kıyaslanması.

	Süreç odaklı hesaplamalar	Zaman odaklı hesaplamalar		
	Süreç C	Günlük C	Aylık C	Yılık C
Veri sayısı	516	39873	2250	185
Negatif sapma sayıs	27	12863	708	9
Negatif Sapma Oranı (%)	5	32	31	5
C >1 sayısı	4	2177	198	0
C>1 Oranı	0.7	5	9	0
C+TAİ<1 pozitif sapma ortalaması	0.27	0.22	0.19	0.12

9.4 Logistik Regresyon İle Akış Katsayısı Abağı Oluşturulması

9.4.1 Lojistik regresyon

İstatistiksel veri analizinde pek çok yöntem uygulanmaktadır. Örneğin, bağımlı değişkenin sürekli, bağımsız değişkenlerin kesikli olması durumunda varyans analizi, hepsinin kesikli olması durumunda log-lineer modeller, hepsinin sürekli olması durumunda regresyon analizi uygulanabilir. Üzerinde en çok durulan ve araştırıcı için önemli olan diğer bir konuda etken veya etkenlerle etkilenen arasındaki ilişkinin risk yönünden incelenmesidir. Bu tip incelemelerde ağırlıklı olarak lojistik regresyon analizi kullanılmaktadır (Atakurt, 1999). Lojistik regresyon; cevap değişkeninin kategorik ve ikili, üçlü ve çoklu kategorilerde gözlendiği durumlarda açıklayıcı değişkenlerle neden sonuç ilişkisini belirlemede yararlanılan bir yöntemdir. Açıklayıcı değişkenlere göre cevap değişkeninin beklenen değerlerinin olasılık olarak elde edildiği bir regresyon yöntemidir.

Atakurt'a (1999) göre Lojistik regresyon analizi, temelde regresyon analizi olmakla birlikte bir ayırıcı analiz tekniği olma özelliğini de taşımaktadır ve bağımsız değişken yapısı ve kombinasyonu yönünden diskriminant analizinden farklılık göstermektedir. Regresyon analizinden ise üç önemli farklılığı vardır.

- Regresyon analizinde bağımlı değişken sayısal iken lojistik regresyon analizinde kesikli bir değer olmaktadır.
- Regresyon analizinde bağımlı değişkenin değeri, lojistik regresyonda ise bağımlı değişkenin alabileceği değerlerden birinin gerçekleşme olasılığı kestirilir.
- Regresyon analizinde bağımsız değişkenlerin çoklu normal dağılım göstermesi koşulu aranırken, lojistik regresyonun uygulanabilmesi için bağımsız değişkenlerin dağılımına ilişkin hiçbir koşul gerekmez.

İkili lojistik regresyon kurulurken regresyon girdilerin çıktı üzerinde etkisini yansıtan bazı katsayılar tahmin edilir. Farklı logistik regresyon modelleri olmakla birlikte bu çalışmada kullanılan lineer model;

$$\ln\left(\frac{\mathrm{Prob(olay)}}{1-\mathrm{Prob(olay)}}\right) = \beta_0 + \beta_1 X_1 + \cdots. + \beta_k X_k \qquad \textbf{(9.2)}$$

şeklinde tanımlanmaktadır. Eşitliğin sol tarafı logit olarak isimlendirilmektedir. Logit istatistiksel bir büyüklük birimidir. Ordinal regresyonda ordinal ölçekte tanımlanmış (1,2,3,..vb) durumların gerçekleşme ihtimalinin gerçekleşmeme ihtimaline oranı farklılık (odds) olarak tanımlanır. Odds ihtimallerin oranıdır. Odds (θ) durumlar için;

$$\theta\_1 = \frac{\text{prob(1 durumları sayısı)}}{\text{prob(1 den büyük durumların sayısı)}} \qquad \textbf{(9.3)}$$

$$\theta\_2 = \frac{\text{prob(1 ve 2 durumları sayısı)}}{\text{prob(2 den büyük durumların sayısı)}} \qquad \textbf{(9.4)}$$

şeklinde tanımlanır. Bu ifadeler ;

$$\theta_j = \frac{\text{prob(durum sayısı} \leq \text{j)}}{\text{(1−prob(durum sayısı} \leq \text{j)}} \qquad \textbf{(9.5)}$$

şeklinde genelleştirilebilir.

Tek bir bağımsız değişken için ordinal lojistik model yazılacak olursa;

$$\ln(\theta_j) = \alpha_j - \beta X \qquad \textbf{(9.6)}$$

j kategori sayısının bir eksiğine kadar gider (Ör: Çizelge 9.3'de her paremetrenin son kategorisinin katsayısı sıfırdır). Lineer regresyon denkleminde β katsayısının işareti (+) iken ordinal regresyonda denkleminde, büyük katsayıların büyük kategori numarası ile ilişkisini göstermek için (–) alınmaktadır (Norušis, 2010).

Elde edilen modelin bir anlam ifade etmesi için modeldeki bağımsız değişkenlerin katsayılarının anlamlılıklarının sınanması gerekmektedir. Sınamalar, en iyi modelin kurulmasını en az değişken ile yapılmasında yön göstericidirler. Lojistik regresyon modelinde, katsayıların sınanmasında olabilirlik oran testi (likelihood ratio test), Wald testleri kullanılır (Norušis, 2010). Wald istatistiği maksimum olabilirlik tahmin vektörü ve bu vektörün covaryans matriksi kullanılarak hesaplanmktadır. Değişkenin modelde kalabilmesi için Wald istatistiğinin anlamlı olmaması gerekmektedir (SPSS algorithm, 2007).

9.4.2 Lojistik regresyon modelinin kurulması ve model istatistikleri

Bulunan OO akış katsayıları ile bu havzalarda akış katsayısı kestiriminde kullanılabilecek pratik bir abak hazırlanabilmesi için incelemeler yapılmıştır. Öncelikle büyüklükler kategorik ölçeklere çevrilmiş, ardından kategorik ölçeklere çevrilmiş büyüklükler ile ordinal lojistik regresyon yapılarak kategori aralıklarının doğru seçilip seçilmediğine modelin paralellik testi ile karar verilmiştir. Veriler belli aralıklara göre sınıflanıp ordinal ölçeğe geçiş yapılırken pratik kullanım esası gereği mümkün olan en az sınıf sayısı ile çalışılmıştır. Lojistik regresyonda sınıflamanın değişmesi ile regresyon istatistikleri değişmektedir.

Havzada akış katsayısı kestirimi için abakta yer alacak büyüklükler ve sınıflamalar şu şekilde yapılmıştır;

$A_{sınıf}$: Sabit Havza Alanı (km^2)

Çalışılan havzalar alanlarına göre artarak numaralandırılmıştır. Havzaların sabit alanları değişmediği için havza kodları ve alanlar beraber gösterilecek olursa,

$$\mathrm{A_{sınıf}} = \begin{Bmatrix} \text{Havza 2008 ; A = 446 km}^2, & 1 \\ \text{Havza 2006 ; A = 767 km}^2, & 2 \\ \text{Havza 2015 ; A = 968 km}^2, & 3 \\ \text{Havza 1820 ; A = 1424 km}^2, & 4 \\ \text{Havza 1801 ; A = 2432 km}^2, & 5 \\ \text{Havza 1805 ; A = 4210 km}^2, & 6 \\ \text{Havza 1822 ; A = 6641 km}^2, & 7 \end{Bmatrix} \qquad (9.6)$$

şeklinde sıralı (ordinal) sınıflandırma yapılmıştır.

$C_{sınıf}$: Akış katsayısı sınıfı,

$$\mathrm{C_{sınıf}} = \begin{Bmatrix} 0 < C \leq 0.08, & 1 \\ 0.08 < C \leq 0.15, & 2 \\ 0.15 < C \leq 0.25, & 3 \\ 0.25 < C \leq 1, & 4 \end{Bmatrix} \qquad (9.7)$$

$\mathrm{P_{oran-sınıf}}$: Süreç başlangıç noktasından önceki 5 günün ortalama yağış yüksekliğinin, süreç ortalama yağış yüksekliğine oranının ($\mathrm{P_{oran}}$) sınıflandırılması,

$$\mathrm{P_{oran-sınıf}} = \begin{Bmatrix} 0 < P_{oran} \leq 1, & 1 \\ 1 < \mathrm{P_{oran}} \leq 3, & 2 \\ 3 < \mathrm{P_{oran}}, & 3 \end{Bmatrix} \qquad (9.8)$$

şeklinde yapılmıştır. Süreç başlangıcından önceki beş günlük yağış miktarı zemin nem durumunu yansıtmaktadır. Akış katsayısı büyüklüğü yağış gerçekleştiği anda zeminin nem durumu ile ilgilidir. 5 günlük yağışların zemin nemi ile irtibatlandırılması literatürde uygulanmaktadır. SCS Eğri numarası metodunda önceki zaman nemi (AMC) 5 günlük yağış miktarları ile ilişkilendirilmektedir. Birçok araştırmacı zemin nem durumunu yansıtmada 5 günlük yağış miktarı ile alışma yapmıştır (Hawkins ve Cate 1998, Hawkins ve Weire 2005).

$A_{oran-sınıf}$: Yağışın düştüğü alanın tüm havza alanına oranı olarak tanımlanan "*Alan oranının*" sınıflandırılması

$$A_{oran-sınıf} = \begin{Bmatrix} 0 < A_{oran} \leq 0.5, & 1 \\ 0.5 < A_{oran} \leq 1, & 2 \end{Bmatrix} \quad \textbf{(9.9)}$$

Farklı sınıflandırma sayıları ile lojistik regresyonlar yapılmıştır. Sınıflandırma işlemi ardından, en yüksek Posedu R kare değerinin araştırıldığı, $C_{sınıf}$'ın bağımlı değişken olduğu, lojistik regresyon modelleri kurulmuştur. Sınıf sayıları artırıldığında Posedo R kare değerlerinin 0,4 mertebelerine kadar çıktığı saptanmıştır. Fakat bu durumlarda pratik kullanıma açık bir çizelge hazırlanması güçleşmektedir. Havza sistem elemanlarının ilişkisi non lineer ve çok karmaşık olduğu için, birçok ikili değerlendirmede R kare değerlerinin 0.3-0.4 mertebelerinde çıktığı bilinmektedir (ör: Yağış-debi). Çizelge9.4'de nihai halde yapılan sınıflandırmalar ile kurulmuş lojistik regresyon modelinin katsayı tahminleri ve istatistikleri görülmektedir.

Sınır değerler her bir ordinal değer için yazılacak regresyon denkleminde regresyon sabitlerini (α) göstermektedir. Lokasyon olarak ifade idilen büyüklükler ise araştırılan bağımsız değişken katsayılarıdır. Bu katsayılar her logit için aynı kalmaktadır ve bu varsayımın gerçekliği paralellik testi ile sınanmaktadır(Norušis, 2010). Wald istatistiklerinin anlamlılık değerlerinin küçük çıkması tüm sınıflandırmaların uygun olduğunu göstermektedir.

Çizelge 9.4: Kurulan lojistik regresyon denklemi parametreleri ve istatistikleri.

		Katsayı Tahminleri	Std. Hata	Wald Değeri	Sig.	%95 Güven Aralığı Alt sınır	%95 Güven Aralığı Üst sınır
Threshold (sınır)	[C_sinif = 1]	2.962	0.785	14.25	0	1.424	4.499
	[C_sinif = 2]	4.456	0.797	31.232	0	2.893	6.019
	[C_sinif = 3]	5.793	0.817	50.32	0	4.192	7.393
Lokasyon	[P_oran_sinif=1]	-1.623	0.232	48.89	0	-2.078	-1.168
	[P_oran_sinif=2]	-1.195	0.249	23.104	0	-1.682	-0.708
	[P_oran_sinif=3]	0[a]	.	.	.	.	.
	[A_oran_sinif=1]	1.295	0.217	35.708	0	0.87	1.72
	[A_oran_sinif=2]	0[a]	.	.	.	.	.
	[Asınıf=1]	3.086	0.79	15.274	0	1.538	4.633
	[Asınıf=2]	3.48	0.828	17.679	0	1.858	5.102
	[Asınıf=3]	3.171	0.876	13.091	0	1.453	4.889
	[Asınıf=4]	2.413	0.807	8.935	0.003	0.831	3.995
	[Asınıf=5]	3.296	0.819	16.208	0	1.691	4.9
	[Asınıf=6]	3.635	0.806	20.321	0	2.055	5.216
	[Asınıf=7]	0[a]	.	.	.	.	.

Bağlantı fonksiyonu (link) : Logit.

a. Bu parametre sıfıra eşitlenmiştir çünkü gereksizdir.

Modelin, bağımlı değişkenle ilişkisi -araştırılan parametrelerin varlığı ve yokluğu durumları için yaptığı tahmindeki başarısının hangi oranda arttığının kriteri-genel uygunluk testleri ile araştırılır. Değişkensiz (sadece regresyon sabitleri (α)) ve değişkenli (final) durumların -2 log likelihood testi anlam derecesi küçük olmalıdır ($p<0{,}0005$). Çizelge 9.5'de modelin genel uyum testi görülmektedir (Norušis, 2010).

Çizelge 9.5: Genel uygunluk testi.

Model	-2 Log Likelihood	Ki-Kare	Df	Sig.
Sadece Regresyon sabitleri	383.080			
Final	254.654	128.425	9	.000

Bağlantı fonksiyonu: Logit.

Kurulan modelin genel olarak uygun olduğuna; Model uyum testi (Goodness of fit test) ile karar verilir. Gözlenen ve beklenen değerlerin frekansları arasında pearson ve sapma istatistikleri model uygunluk testi için kullanılır. Modelin uygunluğu için anlamlılık derecesinin (sig.) büyük olması aranmaktadır (Norušis, 2010). Mevcut değişkenler ile kurulan model için anlamlılık derecelerinin yüksek olması modelimizin uygun olduğunu göstermektedir. Ayrıca modelin tahmin gücü ile ilgili istatistikler Pseudo R kare değerleridir. Çizelge 9.6'da model uyum testi (goodness of fit) ve pseudo R kare değerleri görülmektedir. Etkenler içinde tespit edilemeyen pek çok faktörün olduğu ve hidrolojik sistemin karmaşıklığı göz önünde bulundurulduğunda R karenin 0.3-0.4 mertebesinde olması yeterli görülmektedir.

Çizelge 9.6: Model uyum testi ve Pseudo R kare değerleri.

				Pseudo R-Kare	
	Ki-Kare	df	Sig.	Cox and Snell	0.475
Pearson	112.75	108	0.358	Nagelkerke	0.465
Deviance (Sapma)	101.47	108	0.658	McFadden	0.439

Model kurulurken bağımsız değişken ve lojitler arasındaki ilişkinin tüm lojitlerler aynı olduğu varsayımı yapılmaktadır. Bu kabul, sonuçların paralel doğrular veya paralel düzlemler şeklinde olmasının ifadesidir. Bu varsayımın doğruluğu paralel doğrular testi ile yapılmaktadır, anlamlılık derecesi (sig.) büyük olmalıdır (Norušis, 2010). Çizelge 9.7'de görülen paralel doğrular testinin anlamlılık derecesi 0.341 çıkmıştır. Bu değer paralellik şartının sağlandığını gösteren, istenen ölçüde büyük bir değerdir.

Çizelge 9.7: Paralel doğrular testi.

Model	-2 Log Likelihood	Chi-Square	Df	Sig.
Karşıt Hipotez	254.654			
Genel model	234.806	19.848	18	0.341

Karşıt hipotez eğim katsayılarının (β)bağımsız değişken kategorilerine göre değişmediğini söylüyor.

Kurulan modelin küçük sınıf numaraları için yüksek oranda iyi tahmin yaptığı fakat büyük sınıf değerleri için tahmin R karelerinin küçük olduğu saptanmıştır. Bu durumun nedeninin, incelenen 516 süreçde 1>C>0.25 durumunun toplam 30 defa gerçekleşmesi olduğu düşünülmektedir. Daha uzun verilerin incelenmesi ile yapılacak yeni çalışmalar ile daha yüksek R kare değerlerine ulaşılacağı düşünülmektedir.

9.4.3 Oluşturulan akış katsayısı abağı

Lineer lojistik regresyon modeli ile karar verilen sınıflandırmalar ile pratik kullanıma uygun havza akış katsayısı abağı hazırlanmıştır. Abak hazırlanırken Lojistik regresyondaki alan sınıflarına müdahale edilmiştir. Alan sınıflandırması 7'li sıralı yapıdan3'lü sıralı yapıya geçilerek yapılmıştır. Alan sınıflamasının sınır şartlarına göre abakta kullanılan hali;

$$A_{sınıf} = \begin{Bmatrix} A \leq 1000\,, & 1 \\ 1000 < A \leq 2500, & 2 \\ 2500 < A \leq 7000, & 3 \end{Bmatrix} \qquad \textbf{(9.10)}$$

şeklinde olmuştur.

Pratik kullanım ve genelleme yapılmasını kolaylaştırmak için yapılan bu müdahale ile yeni sınıf aralıklarnın Wald istatistiğinin anlamlılık derecesi 0.03 mertebelerine yükselmiştir. Bu artışın regresyonu çok olumsuz etkilemediği, uyum (goodness of fit), genel uygunluk ve paralellik testlerinin sağlandığı tespit edilmiştir. Pratik kullanım amacıyla oluşturulmuş abak çizelge 9.8'de görülmektedir.

Abağın son üç sütununda akış katsayısı 0.15 ve 0.25 değerlerine göre ihtimaller yer almaktadır. Kullanıcı için risk durumu sütunlardaki değerlerin yüzden farkıdır. Örnek verecek olursak yüzey alanı 1000 km^2'den küçük bir havza için akış katsayısı kestirimi yapacak olan kullanıcı, iki faktöre göre bir değer belirleyecektir. Bu belirlenen değerin belli bir riski vardır. Bu faktörlerden ilki havzanın ne kadarına yağmur yağdığıdır. Yağışın havzanın % 50'sinden fazla bir alana yağacağını öngören kullanıcının (Aoran_sınıfı=2) karar vereceği 3. Faktör yağış miktari ile ilgili olacaktır. Yağış miktarını direkt rakamsal olarak kestirmek pratikte çok güçtür. Bunun yerine mevcut durum ile öngörü yapılacak gelecek hakkında kabaca bir kıyaslama yapılabilir. Bunun için son 5 günlük yağış verisi kulanımının uygun olacağı düşünülmüştür. Son 5 günlük ortalama yağış, temini kolay bir veridir. P5_önce/ P süreç oranının 3 den büyük olacağı varsayılıyorsa (Poran_sınıf=3), akış katsayısının 0.15 ve altında değerler alma ihtimali 0.76'dır. Bu durumda akış katsayısı 0.15'in altında bir değer alındığında 1-0.76=0.24 %24'lük bir risk alınmaktadır. Bu risk oranı çalışılacak proje için büyük ise kullanıcı akış katsayısı öngörüsünü artırabilir. Akış katsayısı değerini 0.25 alırsa risk durumu % 6'ya düşmüş olur. Poran_sınıfının artaması veya azalmasının yağış miktarının artma ve azalması olmadığı unutulmamalıdır. Sadece incelenen süreçten önce sürece nisbeten hangi oranda yağmur yağdığını ifade etmektedir.

Çizelge 9.8: Ceyhan ve Seyhan havzaları Akış katsayılarıÇizelgesi.

Havza Alanı (km2)	Yağış düşen Alan oranı	Akış katsayısı değerleri (C) / (P5_once) / Psüreç	[C_sinif = 1] 0-0.08 C1 ihtimali (%)	[C_sinif = 2] 0.08-0.15 C2 ihtimali (%)	[C_sinif = 3] 0.15-0.25 C3 ihtimali (%)	[C_sinif = 4] 0.25-1 C4 ihtimali (%)	0.15 Altında Kalma İhtimali (%)	0.25	0.25-1 Arasında Kalma İhtimali (%)
Alan < 1000	[A_oran _sınıf=1]	[P_oran_ sınıf=1]	68	23	5	5	91	95	5
	[A_oran _sınıf=1]	[P_oran_ sınıf=2]	33	33	11	22	67	78	22
	[A_oran _sınıf=1]	[P_oran _sınıf=3]	24	21	39	15	45	85	15
	[A_oran _sınıf=2]	[P_oran _sınıf=1]	73	24	3	0	97	100	0
	[A_oran _sınıf=2]	[P_oran _sınıf=2]	77	17	7	0	93	100	0
	[A_oran _sınıf=2]	[P_oran _sınıf=3]	44	33	18	6	76	94	6
1000<Alan < 2500	[A_oran _sınıf=1]	[P_oran _sınıf=1]	30	40	10	20	70	80	20
	[A_oran _sınıf=1]	[P_oran _sınıf=2]	100	0	0	0	100	100	0
	[A_oran _sınıf=1]	[P_oran _sınıf=3]	24	43	10	24	67	76	24
	[A_oran _sınıf=2]	[P_oran _sınıf=1]	92	8	0	0	100	100	0
	[A_oran _sınıf=2]	[P_oran _sınıf=2]	75	22	0	3	97	97	3
	[A_oran _sınıf=2]	[P_oran _sınıf=3]	53	30	13	5	83	95	5
2500<alan < 7000	[A_oran _sınıf=1]	[P_oran _sınıf=1]	63	25	0	13	88	88	13
	[A_oran _sınıf=1]	[P_oran _sınıf=2]	83	17	0	0	100	100	0
	[A_oran _sınıf=1]	[P_oran _sınıf=3]	50	11	17	22	61	78	22
	[A_oran _sınıf=2]	[P_oran _sınıf=1]	77	15	8	0	92	100	0
	[A_oran _sınıf=2]	[P_oran _sınıf=2]	67	15	11	7	81	93	7
	[A_oran _sınıf=2]	[P_oran _sınıf=3]	40	40	20	0	80	100	0

Abağın oluşturulmasında az sayıda olay incelendiği unutulmamalıdır. Bunun iki sebebi vardır. İlki verilerin gözlem sürelerinin yetersiz olmasıdır (1973-2000 yılları arısı). İkincisi ise tüm yağış akşı olayları değil, sadece yağışın dolaysız akış üzerinde etkisini hissettirdiği süreçlerin incelenmesidir. İncelenen süreçlerde $Q_d/Q_b>2$ şartı arandığı unutulmamalıdır. Bu oranın bir açıdan risk faktörü içeren olayları tespite yönelik olduğu düşünülmektedir. Burada ortaya koyulan yaklaşım tarzı daha çok faktöre ait ve daha uzun zaman aralığını kapsayan verilereuygulanabilirse genellenebilir bir abak olarak ceyhan seyhan havzalarında kullanılabileceği düşünülmektedir.

9.5 OO akış katsayılarıile debi tahmini

9.5.1 Lineer regresyon modeli ile debi tahmini

Süreçlerde hesaplanan akış katsayılarının doğruluğunu test etmek ve bazı faktörlerin süreç debisi ile ilişkisini incelemek için lineer regresyon yapılmıştır.OO akış katsayıları hesaplanırken kayıt altına alınan P5, Q10 değerleri, hesaplanan akış katsayıları ilesüreç debisi bağımlı değişkeni arasında lineer regresyon yapılmıştır.

Değişkenlerin histogramlarını normal dağılıma uydurmak için logaritmik dönüşüm uygulanmıştır. Şekil 9.1'de dönüşüm önce ve sonrasında değişkenlerin histogramları görülmektedir. Görüldüğü gibi değişim sonrası regresyonda kullanılan değişkenlerin histogramları normal dağılım eğrisine uymaktadır.

Tahmin modeli kullanılırken;

- Yağışın homojen ve uniform dağıldığı kabullü yapıldığı,
- $Q_d/Q_b \geq 2$ şartının süreç tanımlanırken sınır şart alındığı,
- Modele dâhil edilecek yeni değişkenler ile katsayılar ve önem seviyelerinin değişeceği,

unutulmamalıdır.

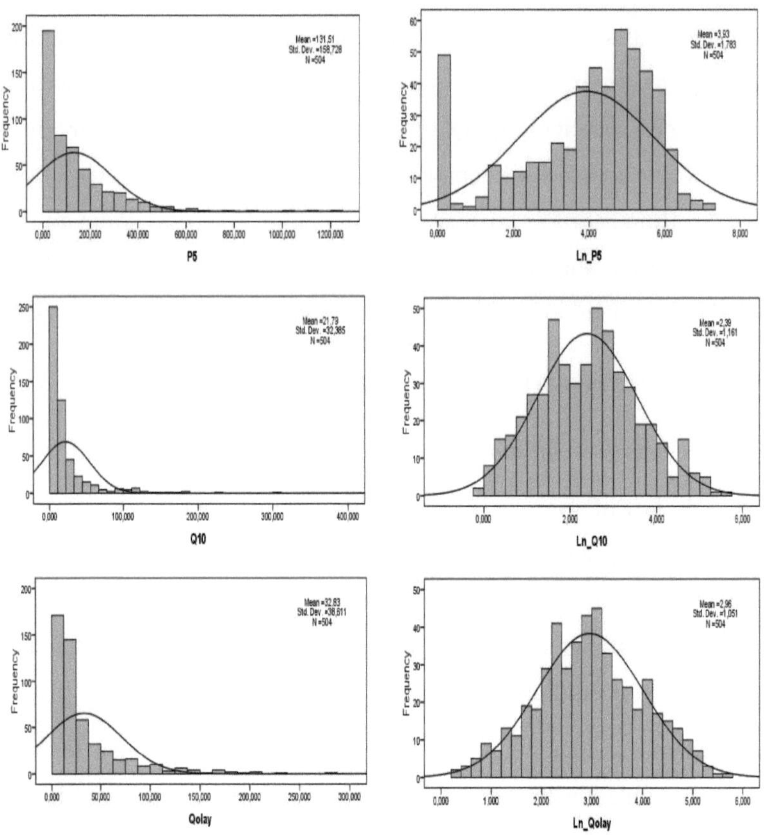

Şekil 9.1: Etkin faktörlerin histogramları ve normal dağılım eğrileri.

Geriye doğru kurulan regresyon modelinde tüm girdiler çıktı ile anlamlı bulunmuş dolayısı ile regresyondan ayrılan veri seti olmamıştır. Regresyon istatistikleri çizelge 9.10'de görülmektedir. T istatistiği en küçük değişken P5 olarak ifade edilen süreç öncesi yağış miktarıdır. Bu değişkenin hesaplandığı zaman süresinin artması ile T istatistiğinin artacağı düşünülmektedir. Kurulan lineer regresyonun düzenlenmiş (adjusted) R^2 değeri 0.888'dir. Tahmin edilen değerlerin saçılım grafiği şekil 9.2' de görülmektedir. Tolerans değerleri 0.1'in üstünde ve VIF değerleri 10'un altında olduğu için eşdoğrusallık tehlikesi olmadığı düşünülmüştür.

Regresyon katsayılarına bakıldığında bir yağışlı sürecin ardından gelen ikinci yağışlı sürecin doğuracağı debinin tahmin edilmesinde en yüksek katsayı yağış düşen alanın oranı, 10 gün öncesi ortalama debi ve akış katsayılarıdır.

Çizelge 9.9: Süreç debisi tahmin regresyonu istatistikleri.

Katsayılar[a]								
Model: Backward		Standardize Edilmemiş Katsayılar		StandardizeEdilmiş Kats.	T	Sig.	Kolinearite İstatistikleri	
		B	Std. Error	Beta			Tolerans	VIF
1	(Sabit)	3.235	0.133		24.349	.000		
	Ln_P5	0.022	0.010	0.038	2.356	.019	0.853	1.172
	Ln_C	0.389	0.028	0.300	13.670	.000	0.461	2.171
	Ln_Q10	0.459	0.023	0.507	19.602	.000	0.332	3.014
	Ln_alan_orani	1.232	0.061	0.369	20.328	.000	0.676	1.479
	A	0.00023	0.000	0.385	17.372	.000	0.451	2.215

a. Bağımlı değişken: Ln_Qolay

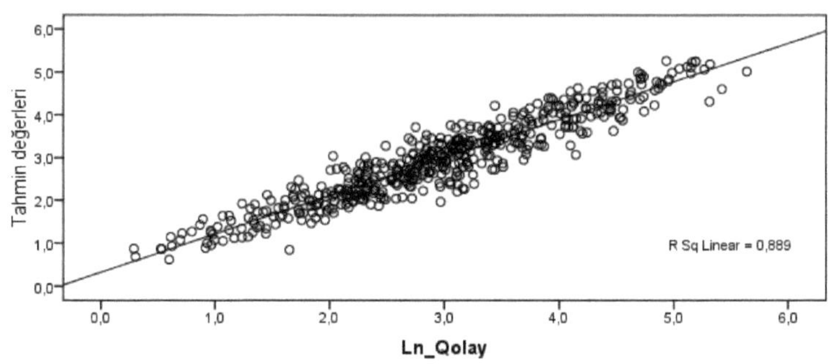

Şekil 9.2: Süreç ortalama debinin gözlenen ve tahmin saçılım grafiği.

9.5.2 YSA modeli ile debi tahmini

Süreç odaklı hesaplanan akış katsayıları ile etkin faktörler arasındaki ilişki lineer olmadığı için YSA modelleri kullanılarak yapılacak tahminlerin daha başarılı olacağı düşünülmüştür. YSA' ların nonlineer sitemleri modelleme başarısı bilinmektedir. 504 adet verinin verilerin 30'u test için %70'i YSA'yı eğitmek için kullanılmıştır.

YSA eğitilirkensabit havza alanı modele girilerek, farklı havzalardaki yağış akış olaylarının havza fiziğine göre farklı davranış gösterebileceği modele öğretilmiştir. Sabit havza alanları modele bütün değişkenleri birden etkiyebilen *faktör* olarak girilmiştir. Şekil 9.3'de YSA mimarisi incelendiğinde, girdi katmanındaki değişkenler yuvarlak köşeli, faktör olarak girilen alanlar ise dikdörtgen şeklinde görülmektedir. Girdi katmanında katmanlar arası ilişkileri gösteren çizgilerin tonu ve kalınlığı ilişkinin gücünü göstermektedir.

Tek ve iki ara katmanlı MLP modellerinde sigmoid ve hiperbolik tanjant aktivasyon fonksiyonları karma olarak denenmiştir, finalde YSA modelleri içinde tahmin R kare değerinin 0.87 ile en yüksek olduğu modelde iki ara katmanda 10 nöron kullanılmıştır. Aktivasyon fonksiyonu olarak hiperbolik tanjant fonksiyonu kullanılmıştır.

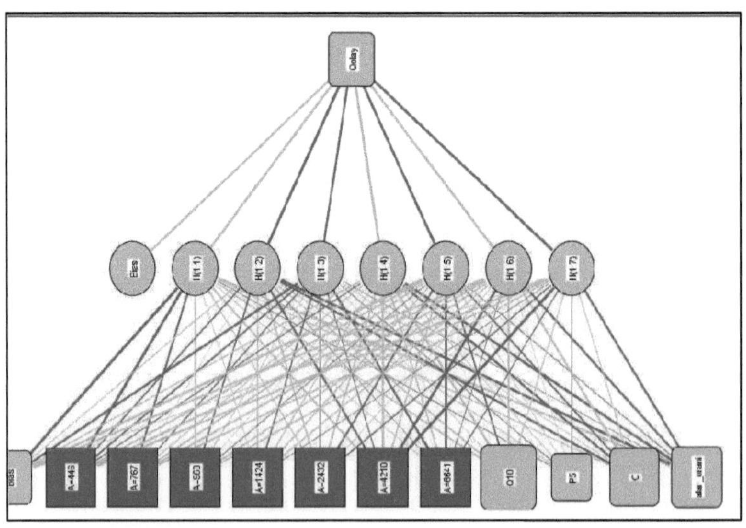

Şekil 9.3: Kurulan YSA tahmin modelinin mimarisi.

Eğitim aşamasında kullanılmayan test verileri ile yapılan tahminlerin debi değerleri ile saçılım grafiği şekil 9.4'de görülmektedir.

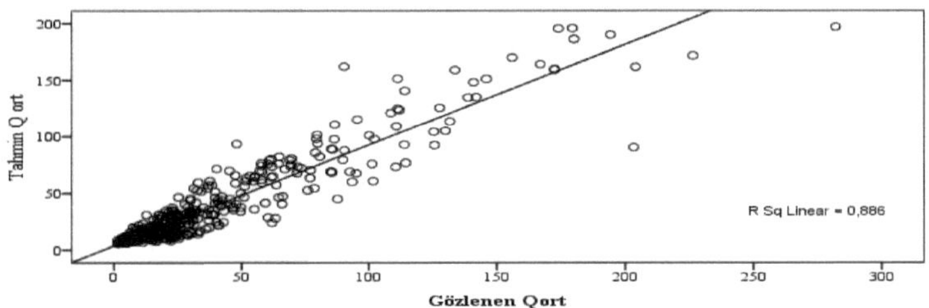

Şekil 9.4: Tahmin ve gözlenen ortalamadebi değerleri saçılım grafiği.

Debi tahmininde kullanılan girdilerin kurulan YSA modelinde önemi (değişiminin sonuç üzerinde etkisi) bağımsız değişken önem analizi ile irdelenmiştir. Girdi katmanında kullanılan değişkenlerin YSA içinde aldıkları ağırlıkların analizi ile bulunan bağımsız değişken önem katsayıları (BDÖK) ve grafiksel gösterimi Şekil 9.5 de görülmektedir. Önem seviyelerinin bulunmasında izlenen yöntem bölüm 5.4'de detaylı anlatılmıştır.

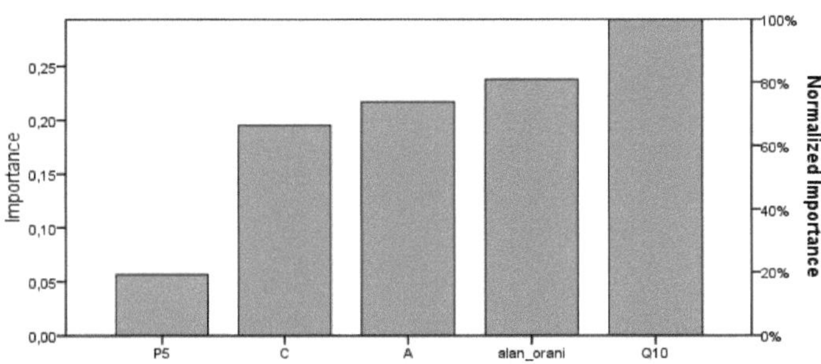

Şekil 9.5: Bağımsız değişkenlerin önem dereceleri ve normalize değerler.

Lineer regresyon t istatistikleri ile beraber değerlendirildiğinde tahmin edilen debi üzerinde (bağımlı değişken), en çok öneme sahip değişkenin 0.294 BDÖK ile Q_{10}ortalama değeri olduğu saptanmıştır. Havzanın nem durumunu belirtmek için modele alınan P5'in BDÖK düşük çımıştır. P5 yerine daha uzun zaman dilimi seçilmesi ile bu değişkenin BDÖK'nın artacağı düşünülmektedir.

10. SONUÇLAR

Büyük havzalarda akış katsayısının hesaplanması ilgili yürütülen inceleme kapsamında, alansal yağışın hesaplanmasında yaygın olarak kullanılan Thiessen Metodu (TM), bu yöntemin bilinen bazı eksik yanlarının giderilmesi ile çalışma kapsamında türetilmiş olan Revize Thiessen metodu (RTM) ve Alansal azaltma faktörü (AAF) yöntemleri kullanılmıştır. Metotlar akış katsayısı hesaplamaları üzerinden kıyaslanmıştır. Küçük zaman ölçeklerinde çalışılırken noktasal yağış istasyonlarının çıkış noktası debisine göre geciktirilerek alansal yağış hesaplanmasının, özellikle büyük havzalar için, havza fiziğinin gözetildiği bir yaklaşım tarzı olduğu düşünülmüştür.

ABD'de kullanılmak üzere türeltilmiş ve çalışma kapsamında üzerinde değişiklik yapılmadan kullanılmış Omalaya (1993), AAF yönteminin çalışılan havzalarda başarısız sonuçlar ürettiği saptanmıştır. Bu yöntemin olumsuz yönlerinden birisi de tekil bir yağış istasyonu verilerine fazlaca bağımlı olmasıdır.

RTM'nin ise TM'e göre daha başarılı alansal yağış hesapladığı tespit edilmiştir. Ayrıca yağış olmayan dönemlerde sabit bir thiessen ağırlığı kullanılmaması ve yağış miktarına (yoğunluğuna) göre azalan bir etki alanının hesaplamalara dâhil edilmesi bu yöntemin güçlü yanlarındandır.

Akış yüksekliğinin hesaplanmasında sabit havza alanı kullanımının hesaplanan akış katsayıları üzerinde azaltıcı ve yanlı etkisi olduğu tespit edilmiştir. Bu etkinin sadece kısa zaman ölçekleri ile yapılan çalışmalarda değil aynı zamanda yıllık ölçekte yapılan çalışmalarda da kendisini gösterdiği saptanmıştır. Bu olumsuz etkinin giderilmesi için sabit drenaj alanı yerine "*yağışa katkı sağlayan alan*" olarak tanımlanabilecek, etkin drenaj alanı kullanımının (EDA) daha doğru olduğu tespit edilmiştir.

Hesaplanan akış katsayılarında aylık (mevsimlik) etkilere bağlı yıl için salınımların özellikle yaz aylarında ciddi oranlarda olduğu saptanmıştır. Bu durumun etkileri, akış katsayısının değişiminin önemli olduğu projelerde göz önünde bulundurulmalıdır.

Akış katsayılarının zaman serisi olarak incelenmesi neticesinde basit mevsimlik eksponansiyel yumuşatma (SSES) yönteminin çalışılan 5 havza için en uygun model olduğu saptanmıştır. 1822 ve 2008 nolu havzalarda aylık trendin varlığını ortaya koyan Holt-Winter eksponansiyel yumuşatma (HWES) zaman serisi modelleri en uygun modeller olarak tespit edilmiştir. Bu havzalarda aylık akış katsayılarında var olduğu düşünülen trendin küçük bir etkisi olduğu tespit edilmiştir.

Zaman serisi modellerinin serinin stasyoner kısımlarını modellemekte başarılı oldukları, stasyoner olmayan kısımları ise düşük tahmin başarısı ile modelledikleri saptanmıştır. Akış katsayılarının 0.5 değerini aştığı uç durumlar zamanın bir fonksiyonu olarak kullanılan modeller ile modellenememiştir. Serideki uç durumlar ve çalkantı bileşenlerinin değişimi rastgele olmaktadır.

İncelenen yağış-akış süreçlerinde debiye etkisi en yüksek değişkenin süreç öncesi 10 günlük ortalama debi miktarı olduğu tespit edilmiştir. Havzaların sabit alanlarının ve süreçlerde yağış düşen ortalama alanların debi üzerinde etkisi ikinci derecede önemli bulunurken, akış katsayılarının ise üçüncü derecede etkili olduğu tespit edilmiştir. Çalışmada nem indisi olarak kullanılan P5'in süreç nem durumunu yeterince yansıtamadığı bu yüzden artırılması gerektiği düşünülmektedir.

Havza alanları ile akış katsayısının zıt orantılı, havza eğimi ile akış katsayısının doğru orantılı olarak değiştiği saptanmıştır.

KAYNAKLAR

A.B.D Havacılık Dairesi. (1957). Rainfall intensity-frequency regime, Part 1-The Ohio Villey, *Technical Paper* No. 29. U.S. Department of Commerce, Washington, D.C.

Amerikan Meteroloji Bürosu. (1958 a). Rainfall intensity-frequency regime, Part 2-Southeastern United States. *Technical Paper*, No. 29, U.S. Department of Commerce, Washington, D.C.

Amerikan Meteroloji Bürosu. (1958 b). Rainfall intensity-frequency regime, Part 3-The Middle Atlantic Region. *Technical Paper*, No. 29, U.S. Department of Commerce, Washington, D.C.

Asce/EWRİ. (2009). Curve Number Task Komitte. *Curve number Hydrology state and practice.* American Society of Civil Engineers publications, Sf: 10 ,USA.

Atakurt, Y. (1999). Lojistik regresyon analizi ve tıp alanında kullanımına ilişkin bir uygulama. *Ankara Üniversitesi tıp fakültesi mecmuası*, Sayı:52, (Sf:191-199).

Aykanlı, N. (2000). Balıkesir-Bigadiç Kocadere Havzası Yağış-Akış Karakteristikleri. *KHGM Toprak ve Su Kaynakları Araştırma Sonuç Raporu,* APK Dairesi Başkanlığı, 117, Ankara.

Aykanlı. N., Acar. C.O. ve Yolcu. G. (2001). Çanakkale-Bayramiç Eğridere Havzası Yağış ve Akış Karakteristikleri. KHGM Toprak ve Su Kaynakları *Araştırma Sonuç Raporu*, APK Dairesi Başkanlığı yayınları, 119, Ankara.

Bakanoğulları. F. ve Akbay. S. (2000a). Edirne-Merkez Kumdere Havzası Yağış ve Akım Karakteristikleri (Ara Raporu 1985-1999). *KHGM Toprak ve Su Kaynakları Araştırma Sonuç Raporu,* APK Dairesi Başkanlığı yayınları, 117, Ankara.

Bakanogulları. F. ve Akbay. S. (2000b). Kırklareli Vize Deresi Havzası Yağış ve Akım Karakteristikleri (Ara Raporu 1985-1999). *KHGM Toprak ve Su Kaynakları Araştırma Sonuç Raporu,* Sayı: 117. APK Dairesi Başkanlığı yayınları, Ankara.

Bakanoğulları. F. ve Baran. M.F. (2002a). Bazı Sentetik Yöntemler ile Vize Deresi Havzasının Birim Hidrograf Elemanlarının Belirlenmesi. Su Havzalarında Toprak ve Su Kaynaklarının Korunması, Gelistirilmesi ve Yönetimi. *Sempozyumu notları,* Sf:137-142. Mustafa Kemal Üniversitesi, Ziraat Fakültesi, Antakya- Hatay.

Bakanoğulları. F. ve Akbay. S. (2002b). İstanbul-Çatalca Damlıca Deresi Havzası Yağış ve Akım Karakteristikleri. *KHGM Toprak ve Su Kaynakları Araştırma Sonuç Raporu,* Sayı:121.APK Dairesi Başkanlığı yayınları, Ankara.

Bakır, H. ve Coskun, T. (2003). Erzurum-Ilıca Sinirbası Deresi Havzası Yağış ve Akış Karakteristikleri (Ara Rapor 1997/2002). *KHGM Toprak ve Su Kaynakları Araştırma Sonuç Raporu,* Sayı: 124. APK Dairesi Başkanlığı, Ankara.

Bayazıt, M. (1998). *Hidrolojik modeller.* İ.T.Ü İnşaat fakültesi Matbaası, İstanbul.

Bayazıt, M. (1999) *Hidroloji.* İ.T.Ü İnşaat Fakültesi Matbaası, İstanbul.

Bell, F.C. (1976). The areal reduction factors in rainfall frequency estimation, *NERC Report* No. 35, Institute of Hydrology, Wallingford, U.K.

Blöschl, G. (2005). Rainfall-runoff modeling of ungauged catchments. *Encyclopedia of Hydrological Sciences*, Article no: 133. J. Wiley & Sons, Chichester, (Sf: 2061-2080).

Blume, T., Zehe, E. ve Bronstert, A. (2007). Rainfall–runoff response, event-based runoff coefficients and hydrograph separation. *Hydrological Sciences–Journal–des Sciences Hydrologiques*, 52(5), 843

Bozkurt, H. (2007). *Zaman Serilerinin Analizi.* Ekin yayınevi, Bursa.

Brodie, R.S., Hostetler, S. and Bleys, E. (2003). Inventory of water data standards, protocols and Infrastructure. *Report to the Executive Steering Committee for Australia's Water Resource Information (ESCAWRI).* Bureau of Rural Sciences, Canberra

Brown, V. A., McDonnell, J. J., Burns, D. A. ve Kendall, C. (1999). The role of event water, a rapid shallow flow component, and catchment size in summer stormflow. *J. Hydrol.*217(3/4), 171–190.

Burch, G. J., Bath, R. K., Moore, I. D. ve O'Loughlin, E. M. (1987). Comparative hydrological behaviour of forested and cleared catchments in southeastern Australia. *J. Hydrol.*90, 19–42.

Cerdan, O., Le Bissonnais, Y., Govers, G., Leconte, V., van Oost, K.,Couturier, A., King, C., Dubreuil, N. (2004). Scale effects on runoff from experimental plots to catchments in agricultural areas in Normandy. *J. Hydrol,* 299, 4–14.

Chapman, T.G. ve Maxwell, A.I. (1996). Baseflow separation – comparison of numerical methods with tracer experiments. *Institute*

Engineers Australia National Conference. Publ. 96/05, 539-545.

Chatfield, C. (1996). Model Uncertainity and Forecast Acuracy, *Journal of Forecasting,* 15, (Sf:7-9).

Chua, L.H.C., Wong, T.S.W. (2010). Improving event-based rainfall–runoff modeling using a combined artificial neural network–kinematic wave approach. *Journal of Hydrology* 390 (2010) 92–107.

ÇED Raporu. (2005).Yamanli Hes Projesi *Çevre değerlendirme raporu.* Raporu hazırlayan kurum: Mem Enerji Elektrik Üretim San. Ve Ticaret A.Ş.

Çiçekli, İ., Ataol, M. (2009). .Türkiye'nin Su Potansiyelinin Belirlenmesinde Yeni Bir Yaklasım, *Coğrafi Bilimler Dergisi,* CBD 7 (1), 51-64.

Daly, C., Neilson, R. P. ve Phillips, D. L. (1994). A statistical-topographic model for mapping climatological precipitation over mountainous terrain. *Journal of Applied Meteorology,* 33 (2), (Sf: 140-158).

Demirkıran, O. ve Denli, O. (2000). Çankırı-Sabanözü Mahmuthacılı Deresi Havzası Yağış ve Akış Karakteristikleri. *KHGM Toprak ve Su Kaynakları Araştırma Sonuç Raporu,* APK Dairesi Başkanlığı, 117, Ankara.

Demiryürek, M., Tongarlak, E. ve Okur, M. (1999). Konya-Çiftliközü Karabalçık Deresi Havzası Yağış ve Akış Karakteristikleri (Ara Rapor 1979-1999). *KHGM Toprak ve Su Kaynakları Araştırma Sonuç Raporu*, APK Dairesi Başkanlığı, 115, Ankara.

Douglas, D. H. (1986). Experiments to locate ridges and channels to create a new type of digital elevation model:*Cartographica*, Vol. 23, No. 4, pp.29-61.

Durrans, S.R., Julian, L.T. ve Yekta M. (2002). Estimation of depth area relationships using radar data, *Journal of Hydraulic Engineering,* 7(5),(Sf: 356-367).

Eckhardt, K. (2005). How to construct recursive digital filters for baseflow separation. *Hydrological Processes,* 19, (Sf: 507-515).

Einfalt, T., Johann, G. ve Pfister A. (1998), On the spatial validity of heavy point rainfall measurements, *Water Resource Technology* 37 (11).

Fobby, T.B. (1995). *SAS manual.* SAS/ETS Software: Time Series Forecasting System, Version 6, First Edition, Cary, NC. SAS Institute Inc.(Sf: 225-235).

French, R., Pilgrim, D. H. ve Laurenson, E. M. (1974). Experimental examination of the rational method for small rural catchments. *Civil Engineering Transactions of the Institution of Engineers*, Australia, CE16 (2), 95–102.

Friedler, F. R. (2003). Simple, practical method for determining station weight using Theissen polygons and isohiyet maps. *J. Hydrol. Eng.* 8 (4), (Sf: 219-221).

Garbrecht, J. ve Martz, L.W. (1999). Digital Elavetion Model Issues In Water Resources Modelling. *19th ESRI International User Conference,* Environmental Systems Research Institute, San Diego, California, July 26-30.

Garson, G.D. (1991) Interpreting neural network connection weights. *Artif Intell Expert,* 6 (Sf: 47–51).

Gevrey, M., Ioannis, D. ve Sovan, L. (2003). A Review and comparison of methods to study the contribution of variables in artificial neural network models. *Ecological Modelling* 160, 249-264.

Göçmen. E. (2006). *Edirne ili Alt-Havzalarda Taşkın Debisi ve Su Verimi Hesaplamaları için Ampirik Yöntemlerin Etkinliklerinin Belirlenmesi.* (Yüksek lisans tezi) Fen bilimleri enstitüsü, Trakya üniversitesi, (Sf:5-17)

Hevesi, J. A., Istok, J. D. ve Flint, A. L. (1992 a). Precipitation estimation in mountainous terrain using multivariate geoistatics: part 1. Structural analysis. *J. Appl. Meterol.,* Cilt 1, (Sf: 575-578).

Hevesi, J. A., Istok, J. D. ve Flint, A. L. (1992 b). Precipitation estimation in mountainous terrain using multivariate geoistatics: part 2: Isohiyet Maps.*J. Appl. Meterol.,* 31, (Sf: 661-676).

Hawkins, R.H., ve Cate, A.J. (1998). Secondary effect in curve number rainfall-runoff. *Powerpoint representation at water resources engineering 98*, Memphis Tennessee, August3-7.

Hawkins, R.H. ve Weire, K. E. (2005). Effects of prior rainfall and storm variables on curve number rainfall-runoff. *Powerpoint representation* at ASCE syposium on watershed management, Williamsburg VA, July, 20-21.

Hewlett, J. D. ve Hibbert, A. R. (1967). Factors affecting the response of small watersheds to precipitation in humid areas. In: Proc. Int. Symp. on *Forest Hydrology* (ed. by W. E. Sopper ve H. W. Lull), 275–290. Pergamon Press, New York, USA.

Hotchkiss, R. H., ve Provaznik, M. K. (1995). Observations on the rational method C value. *Watershed management: Planning for the 21st century*, T. J. Ward, ed., ASCE, New York, 21–26.

Huff, F.A. ve Neil, J.C. (1957). Areal representativeness of point rainfall. *Trans. Amer. Geophys. Union* , 38(3), (Sf: 341 – 351) .

IBM Spss neural networks 19. (2010). *User's guide*, Copyright SPSS Inc. 1989.Chicago ,USA

Institute of Hydrology (IH).(1980). Low flow studies research report, *Report No=1.*

Iroumé, A., Huber, A. ve Schulz, K. (2005). Summer flows in experimental catchments with different forest covers, Chile. *J. Hydrol.*300(1/4), 300–313.

İstanbulluoğlu, E., ve Bras, R. L. (2006). On the dynamics of soil moisture, vegetation, and erosion: Implications of climate variability and change, *Water Resour. Res.*, 2, W06418, doi:10.1029/2005WR004113.

Jackson, I.J. (1972). Mean daily rainfall intensity and number of rain days over Tanzania. *Geogr. Ann.* A.54, (Sf: 369 – 375)

Jenson, S.K., Domingue, J.O. (1988). Extracting Topographic Structure From Digital Elevation Data For Geographical Information System Analysis. *Photogrametric Eng. Remote Sensing*, 54, pp: 1593–1600.

Johansson, B. ve Chen, D. (2003). The influence of wind and topography on precipitation distribution in Sweden: statistical analysis and modelling, *International Journal of Climatology,* 23, (Sf: 1523–1535).

Kadıoğlu, M., Şen, Z. (2001). Monthly precipitation-runoff polygons and mean runoff coefficients. *Hydrological Sciences Journal* 46(1):3-11

Karas, E. (2000). Bilecik-Pazaryeri Kurukavak Deresi Havzası Yağış ve Akış Karakteristikleri (Ara Rapor 1984-1998). *KHGM Toprak ve Su KaynaklarıAraştırma Sonuç Raporu*, APK Dairesi Başkanlığı, 117, Ankara.

Kaya, S. (2000). Adıyaman-Kahta Harabe Deresi Havzası Yağış ve Akış Karakteristikleri (Ara Rapor 1985-1999). *KHGM Toprak ve Su*

Kaynakları Araştırma Sonuç Raporu, APK Dairesi Başkanlığı, 117, Ankara.

Kaya, S. ve Helaloglu, C. (2002). Sanlıurfa Kızlar Deresi Havzası Yağış ve Akış Karakteristikleri (Ara Rapor 1982-1991). *KHGM Toprak ve Su Kaynakları Araştırma Sonuç Raporu,* APK Dairesi Başkanlığı, 121, Ankara.

Kedem, B., Chiu, L. S., ve Karni, Z. (1990). An analysis of threshold method for measuring area-average rainfall. *J.pl. Meterol.*, 29, (Sf: 3-20).

Kirchner, J. W., X. Feng, ve Neal, C. (2001). Catchment-scale advection and dispersion as a mechanism for fractal scaling in stream tracer concentrations, *J. Hydrol.*, 254, 82 – 101, doi:10.1016/S0022-1694(01) 00487-5.

Kuşvuran, K. veCanbolat, M. (2000). İçel-Tarsus Topçu Deresi Havzası yağış ve akım karakteristikleri (Ara Rapor 1985-1999). *KHGM Toprak ve Su Kaynakları Araştırma Sonuç Raporu,* APK Dairesi Başkanlığı, 121, Ankara.

Lyne, V. ve Hollick, M. (1979). Stochastic time-variable rainfall-runoff modelling. *Institute of Engineers Australia National Conference.* Publ. 79/10, 89-93.

Lyon, S. W., Desilets, S.L. E.,ve. Troch, P. A. (2008). Characterizing the response of a catchment to an extreme rainfall event using hydrometric and isotopic data. *Water Resources Research*, VOL. 44, W06413, doi:10.1029/2007WR006259

Madenoglu, S. (2002). Samsun-Minöz Deresi Havzası Yağış ve Akış Karakteristikleri. *KHGM Toprak ve Su Kaynakları Araştırma Sonuç Raporu,* APK Dairesi Başkanlığı, 121, Ankara.

Makridakis, S., Wheelwright, S. C., ve McGee, V. E. (1983). *Forecasting: Methods and applications.* New York: John Wiley and Sons.

Martinez, A., Castellanos, J., Hernández, C. and Mingo, L.F. (1999). Study of Weight Importance in Neural Networks Working with Colineal Variables in Regresion Problems. *Lecture Notes in Computer Science, Springer Verlag.* Berlin. ISBN: 3-540-66076-3. ISSN: 0302-9743. (Sf: 101-110).

Matheron, G. (1963). Principles geostatistics .*Economic Geology* , 58, (Sf: 1246 –1266)

McGuire, K. J. ve McDonnell, J. J. (2006). A review and evaluation of catchment transit time modeling. *J. Hydrol.*, 330, (Sf: 543–563). doi:10.1016/ j.jhydrol.2006.04.020.

McNamara, J. P., Kane, D. L. ve Hinzman, L. D. (1998). An analysis of streamflow hydrology in the Kuparuk River basin, Arctic Alaska: A nested watershed approach.*J. Hydrol.*206 (1/2), 39–57.

Merz, R., Blöschl, G., Parajka, J. (2006). Spatio-temporal variability of event runoff coefficients, *Journal of Hydrology*. 331, 591-604.

Morin, E., Enzel, Y., Shamir, U ve Garti, R. (2001). The Characteristic Time Scale For Basin Hydrological Response Using Radar Data. *Journal of Hydrology,* 252, 85-89.

Naef, F. (1993). Der Abflusskoeffizient: einfach und praktisch? *In: Aktuelle Aspekte in der Hydrologie,* Zürcher Geographische Schriften, Heft 53, Verlag Geographisches Institut ETH Zürich, (Sf: 193-199).

Nathan, R.J. ve McMahon, T.A. (1990). Evaluation of Automated Techniques for Base Flow and Recession Analyses, *Water Resour. Res.,* 26 (7), (Sf: 1465-1786).

NERC. (1975), Natural Environmental Research Council *Flood Studies Report* vol: 1, Meteorological Studies, Swindon, England.

Norbiato, D., Borga, M., Merz, R., Blöschl, G. ve Carton, A. (2009). Controls on event runoff coefficients in the eastern Italian Alps. *Journal of Hydrology*, 375, (Sf: 312–325).

Norušis, M. (2010). Ordinal Regression, Chapter 4. *PASW Statistics 18.0 Advanced Statistical Procedures Companion* (2010).

Oğuz, İ. ve Baçlın, M. (2000). Yozgat-Sorgun kikara Havzası Yağış ve Akış Karakteristikleri (Ara Rapor 1990-1999). *KHGM Toprak ve Su Kaynakları Araştırma Sonuç Raporu,* APK Dairesi Başkanlığı, 117, Ankara.

Oğuz, İ. ve Baçlın, M. (2002). Tokat-Zile Akdogan Deresi Havzası Yağış ve Akış Karakteristikleri (Ara Rapor 1987-2001). *KHGM Toprak ve Su Kaynakları Araştırma Sonuç Raporu,* APK Dairesi Başkanlığı, 121, Ankara.

Oğuz, İ. ve Baçlın, M. (2003). Tokat-Ugrak Havzası Havzası Yağış ve Akış Karakteristikleri (Ara Rapor 1977-2002). *KHGM Toprak ve Su Kaynakları Araştırma Sonuç Raporu,* APK Dairesi Başkanlığı, 124, Ankara.

Olden, J.D., Joy, M. J., Death, R.G. (2004). An accurate comparison of methods for quantifying variable importance in artificial neural networks using simulated data. *J.D. Ecological Modelling,* 178,(Sf: 389–397).

Olden, J.D., Jackson, D.A. (2002). Illuminating the ''black box'': a randomization approach for understanding variable contributions in artificial neural networks. *Ecological Modelling* 154, (Sf: 135–150).

Olivera, F. ve Gill, T. (2004). Gis Static Storm Model Development: Literature Review and Progress Report, *Report* no: t 0-4642-1 p: 1.

Omolaya A.S. (1993). On the transposition of areal reduction factor for rainfall frequency estimation. *Journal of Hydrology,* Cilt 145, (Sf: 191-205).

Paliwal, M. ve Kumar, U.A. (2011). Assessing the contribution of variables in feed forward neural network. *Applied Soft Computing,*11, (Sf: 3690–3696)

Parida, B.P., Moalahi, D.B., Kenabatho, P.K. (2006). Forecasting runoff coefficients using ANN for water resources management: The case of Notwane catchment in Eastern Botswana.*Physics and Chemistry of the Earth*, 31, 928-934.

Pektaş, A.O. (2007). *Kuruyan Akarsularda Taban Akışının Ayrılması.* (Yüksek Lisans tezi) İTÜ Fen Bilimleri Enstitüsü.

Rakhecha, P.R., ve Clark, C. (2002). Areal PMP distribution for one-day to three-day duration over India, Revıew And Progress Report, Report no: t 0-4642-1 page: 1, *Applied Meteorology*, 9: (Sf: 399-406).

Sandy, R. (1990). *Statistics for Business and Economics*, Mc-Graw—Hill C.USA, (Sf: 693-694).

Savenije, H. G. (1996). The runoff coefficient as the key to moisture recycling. *J. Hydrol.* 176, 219–225.

Siriwardena, L. ve Weinmann P.E. (1996). Development and testing of methodology to derive areal reduction factors for long duration rainfalls. *Working Document* 96/4, Cooperative Research Center for Catchment Hydrology, Monash University, Victoria, Australia.

Sivapalan, M., Blöschl, G., Merz, R., Gutknecht, D. (2005). Linking flood frequency to long term water balance: incorporating effects of seasonality. *Water Resources Research,* 41 (6), W06012. doi: 10.1029/2004WR003439.

Sharma, K.D. (2000). Water resource development in Jamnagar district, Gujarat, India. *Annals of arid zone,* 39 (2), (Sf: 145-150).

Sherman, L. (1932). *Streamflow from rainfall by unit hydrograph method.* Engineering News Records 108, Chicago, (Sf: 501–505).

Soukup, M. (1987). Analysis of drainage influence on certain characteristics of the runoff in Cidlina River catchment section. *Scientific Works VÚZZP* 5, Prague.

Soulsby, C., Tetzlaff, D., Rodgers, P., Dunn, S. ve Waldron, S. (2006). Runoff processes, stream residence times and controlling landscape characteristics in a mesoscale catchment: An initial evaluation, *J. Hydrol.*,325, (Sf:197– 221). doi:10.1016/j.jhydrol.2005.10.024.

Smemoe, C.M. (1997). Linking GIS Data to Hydrologic Models. http://emrl.byu.edu/chris/documents/watergis.pdf. (17.09.1999).

SPSS Trends 10.0. (1999). *App guide,* (Sf: 52-60), Chicago, USA.

SPSS Algorithm. (2007). *SPSS clementine algorithm guide,* Chicago, USA.

SPSS App. (1999). *App. Guide base SPSS 9,* copyright, by SPSS Inc. Chicago ,USA.

Stout, G.E. (1960). Studies of severe rainstorms in Illinois. *J. Hydraul. Div.,* Proc. ASCE , IIY4, (Sf: 129 – 146).

Summer, G. (1988). Precipitation Process and Analysis. John Wiley and Sons , New York, USA.

Şen, B.A. ve Kaba, G. (2009). Öncü göstergeler kullanımının tahminin doğruluğuna etkisi: Türk otomativ pazarı üzerine bir araştırma. *Marmara ünv. İ.İ.B.F dergisi,* cilt 27, sayı 2, (Sf: 397-411).

Şen, Z. (1994). Yüzde ağırlıklı polinom yöntemi ile alansal yağış hesabı. I. *Ulusal Hidrometeoroloji Sempozyumu,* İ.T.Ü., (Sf: 124–132)

Şen, Z. (1998). Average areal precipitation by percentage weighted polygon method. *J. Hydral. Engrg.* , ASCE , Vol.3 , No.1.

Şen, Z. (2002). *İstatistik Veri işleme yöntemleri (Hidroloji ve Meteroloji).* Su vakfı yayınları, İstanbul.

Tabios III. G. O., ve Salas, J. D. (1985). A comparative analysis of techniques for spatial interpolation of precipitation. *Water Resour. Bull.,* 21, (Sf: 365-380).

Tchaban, T., Taylor, M.J. ve Griffin, A. (1998). Establishing impacts of the inputs in a feedforward network. *Neural Comput Appl,* 7, (Sf:309–317). doi:10.1007/BF01428122.

Tekeli, Y. ve Babayigit, H.G. (2000). Ankara-Haymana Çatalkaya Deresi Havzası Karakteristikleri (Ara Rapor 1994-1999). *KHGM Toprak ve Su Kaynakları Araştırma Sonuç Raporu,* APK Dairesi Başkanlığı, 117, Ankara.

Tekeli,Y. ve Babayigit, H.G. (2002). Ankara-Yenimahalle Güvenç Havzası Karakteristikleri (Ara Rapor 1984-2001). *KHGM Toprak ve Su Kaynakları Araştırma Sonuç Raporu,* APK Dairesi Başkanlığı, 121, Ankara.

Topraksu. (1974). Seyhan Havzası Toprakları. *Topraksu Genel Müdürlügü Yayınları,* 286. Raporlar Serisi 70. Ankara.

Topraksu. (1973). Ceyhan Havzası Toprakları. *Topraksu Genel Müdürlügü Yayınları,* 285. Raporlar Serisi 69. Ankara.

Törün, M.A. (1998). Samsun Ayvalı Deresi Havzası Yağış ve Akış Karakteristikleri. *KHGM Toprak ve Su Kaynakları Araştırma Sonuç Raporu,* APK Dairesi Başkanlığı, 106, Ankara.

Tribe, A. (1992). Automated recognition of valley lines and drainage networks from grid digital elevation models: a review and a new method.*J. Hydrol,* 139, 263–293.

Turcotte, R., Fotin, J.P., Rousseau, A.N. ve diğ. (2001). Determination of the model and a digital river and lake network. *Journal of Hydrology*, 240 (2001) 225–242.

Turunçoglu, U. ve Şen, Z. (1999). Yağış Ağırlıklı Alansal Ortalama Yöntemi. *Sempozyum sunumu*, X. Mühendislik Sempozyumu, 2-3 Haziran 1999, Süleyman Demirel Üniversitesi, Isparta.

Ulukaya, O. (2011). *Yağış-akış bağıntıları ve yapay zeka teknikleri ile modellenmesi.* (Doktora tezi) İnşaat fakültesi, İ.T.Ü, İstanbul.

Van Dijk, A. I. J. M., Bruijnzeel, L. A., Vertessy, R. A. ve Ruijter, J. (2005). Runoff and sediment generation on benchterraced hillsides: measurements and up-scaling of a field-based model.*Hydrological Processes* vol. 19 issue 8 (Sf: 1667 – 1685).

Vasilakos, C., Kalabokidis, K., Hatzopoulos, J., Matsinos, I. (2008). Identifying Wildland fire ignition factors through sensitivity analysis of a neural network. *Nat Hazards* 50,(Sf:125–143), Springer Science+Business Media B.V.

Venkatachalam, P., Mohan, B.K., Kotwal, A., ve diğ. (2001). Automatic Delineation of Watersheds for Hydrological Applications Proc. ACRS 2001 - *22nd Asian Conference on Remote Sensing,* 5-9 November 2001, Singapore. Vol. 2 , pp. 1096-1101.

Vlčková, M., Nechvátal, M. ve Soukup, M. (2009). Annual runoff coefficient in the Cerhovický Stream catchment. *J. Water Land Dev.* No. 13b, (Sf: 41–56).

Weisberg, S. (1980*). Applied Linear Regression.* Wiley, New York, USA.

Woodruff, J. F. ve Hewlett, J. D. (1970). Predicting and mapping the average hydrologic response for the Eastern United States. *Water Resour. Res*. 6 (5), 1312–1326.

Young, C. B., McEnroe B. M., ve Rome A. C. (2009). Empirical Determination of Rational Method *.Journal Of Hydrologıc Engıneerıng*, Asce, 1283.

The rational method, ders notları, http:// www. hkhfriend.net.np/ rhdc/ training/ lectures/ HEGGEN/Rational_4.pdf

Url 1 < http://www.mgm.gov.tr/ veridegerlendirme/acik-yuzey-buharlasma >, alındığı tarih: 20.05.2011

Url 2 < http://cgz.e2bn.net/e2bn >, alındığı tarih: 29.06.2011

EKLER

EK A: İSKİ şartnameleri akış katsayısı abakları

EK B: Rüzgar ve Basınç gözlem değerleri

EK C: Tarım alanrı kullanımı

EK D: Havalarda dönüşüm sonrası debi histogam ve normal dağılım eğrileri

EK E: Debi yağış korelagramları

EK F: Havzalarda AARve GDR modelleri regresyon katsayıları

EK G: YSA modeli sonucu bulunan bağımsız değişken önem katsayıları

EK H: Havzaların gecikme sürelerine karar çizelgeleri

EK I: Çalışılan havzaların aylık ortalama ve maksimum akış katsayısı değerleri

EK J: Havzalarda zaman serisi modelleri aylık C tahmin değerleri

EK A: İSKİ şartnameleri akış katsayısı abakları.

Tablo 6. Yerleşim Türüne Göre 10 Yıl Tekerrürlü Yağışlar İçin Akış Katsayılarının Tipik Değerleri

Yerleşim Türü	C Katsayısı
İş Bölgeleri	
Şehir Merkezi	0,70 - 0,95
Civarı	0,50 - 0,70
Oturma Bölgeleri	
Bahçeli Evler Bölgesi	0,30 - 0,50
Ayrık Nizam Bina Siteleri	0,40 - 0,60
Bitişik Nizam Villa Siteleri	0,60 - 0,75
Oturma Bölgeleri (yarı meskûn)	0,25 - 0,40
Apartmanlar	0,50 - 0,70
Sanayi Bölgeleri	
Hafif Sanayi	0,50 - 0,80
Ağır Sanayi	0,60 - 0,90
Parklar, mezarlıklar	0,10 - 0,25
Oyun sahaları	0,20 - 0,35
Demiryolu istasyonları	0,20 - 0,35
Gelişmemiş bölgeler	0,10 - 0,30

Tablo 7. Kaplama Cinsine Göre 10 Yıl Tekerrürlü Yağışlar İçin Geçerli Akış Katsayılarının Tipik Değerleri

Kaplama Cinsi	C Katsayısı
Çatılarda	0,90 - 0,95
Asfalt Yollarda	0,85 - 0,90
Taş kaplamalı yollarda (derzleri su sızdırmaz cinsten ise)	0,70 - 0,90
Taş kaplamalı yollarda (derzleri yapılmamış ise)	0,50 - 0,70
Silindirlenmiş çakıl yollarda	0,15 - 0,30
İşlenmemiş toprak zeminlerde	0,10 - 0,25
Park ve bahçelerde	0,05 - 0,20
Evleri çok sık olan şehir bölgelerinde	0,70 - 0,90
Ortalarında bahçe bulunan bina bloklarında	0,50 - 0,70
Daha seyrek iskanlı şehir bölgelerinde	0,25 - 0,60
Bahçeli evler bölgesinde	0,25 - 0,50
Kanallara su veren ormanlık alanlarda	0,01 - 0,30
Çayırlar, kumlu alanlar	
Düz eğimli: < %2	0,05 - 0,10
Orta eğimli: %2 - %7	0,10 - 0,15
Dik: > %7	0,15 - 0,20
Çayırlar, ağır topraklar	
Düz eğimli: < %2	0,13 - 0,17
Orta eğimli: %2 - %7	0,18 - 0,22
Dik: > %7	0,25 - 0,35

Şekil A.1: İSKİ şartnamesi akış katsayısı abağı.

Tablo 8. Kentsel Kesimde Kullanılacak Nüfus Yoğunluğuna Göre Akış Katsayısının Tipik Değerleri

İmar Durumu	Nüfus Yoğunluğu (kişi/ha)	C Katsayısı
Apartmanlar	500 - 1000	0,8 - 0,9
Apartmanlar	250 - 500	0,7 - 0,8
Apartmanlar	150 - 250	0,6 - 0,7
Bitişik Evler	50 - 150	0,5 - 0,6
Müstakil evler	20 - 50	0,3 - 0,4
Gelişmemiş bölgeler, parklar mezarlıklar	<20	0,1 - 0,3
Yüksek değerli iş ve ticaret alanları	-	0,8 - 0,9
Yönetim ve idare alanları	-	0,8 - 0,9
Sanayi bölgeleri	-	0,5 - 0,8
Havaalanları da dahil olmak üzere diğer özel bölgeler	-	0,5 - 0,6

Şekil A.2: İSKİ şartnamesinde nüfus yoğun yerlerCçizelgesi.

EK B: Rüzgâr ve Basınç gözlem değerleri.

Çizelge B.1: Göksun DMİ rüzgâr gözlem verileri uzun yıllar ortalama değerleri.

Aylar	ortalama rüzgar hızı (m/s)	En hızlı esen rüzgar yönü ve hızı (m/s)	fırtınalı günler sayısı (rüzgar hızı ≥ 17.2 m/s)	kuvvetli rüzgarlı günler sayısı (rüzgar hızı 10,8-17,1 m/s)
Aralık	1.5	NW-24.9	0.3	2.3
Ocak	1.1.	NNE-17.3	0.2	2.4
Şubat	1.6	N-24	0.5	3.5
KIŞ	1.55	-	-	-
Mart	1.8	NW-17.5	0.3	3.9
Nisan	1.9	N-24.4	0.3	3.6
Mayıs	1.5	NNW-15.4	-	3.1
İLKBAHAR	1.7	-	-	-
Haziran	1.8	WNW-17.1	-	2.6
Temmuz	1.3	N-17	-	3.1
Ağustos	1.2	NW-14.1	-	3.3
YAZ	1.4	-	-	-
Eylül	1.2	W-16.7	-	2
Ekim	1.3	NNW-21.2	0.3	1.8
Kasım	1.2	NNW-19.4	0.5	2.3
SONBAHAR	1.2	-	-	-

Çizelge B.2: Göksun DMİ basınç gözlem verileri uzun yıllar ortalama değerleri.

	Ocak	Şubat	Mart	Nisan	Mayıs	Haziran	Temmuz	Ağustos	Eylül	Ekim	Kasım	Aralık
Ortalama Yerel basınç (hPa)	865.8	865.2	863.7	863.8	865.2	864.6	863.0	864.3	866.6	868.6	868.9	867.8
En Yüksek Yerel basınç (hPa)	876.4	877.5	876.3	874.5	874.1	870.3	869.9	869.9	871.8	875.9	878.9	877.1
En Düşük Yerel basınç (hPa)	844.7	846.5	847.1	853.3	853.6	855.5	855.5	858.6	859.5	855.9	853.6	848.3
Ortalama Buhar Basınca (hPa)	4.3	4.2	5.2	7.3	9.5	11.1	12.5	12.6	10.3	8.0	6.0	4.9

EK C: Tarım alanrı kullanımı.

Çizelge C.1 :TÜİK verilerinden derlenmiştarım alanları.

1995 yılı verileri		Toplam Tarım Alanı	Tahıllar ve diğer bitkisel ürünler	nadas	sebze bahçeleri	meyve içe-cek ve ba-harat
İl	İlçe	(km^2)	(km^2)	(km^2)	(km^2)	(km^2)
Kayseri	Bünyan	1075	450	620	2	3
Kayseri	Develi	1130	563	553	6	9
Kahramanmaraş	Göksun	482	444	0	3	35
Sivas	Gürün	114	55	45	2	13
Adana	Karaisalı	348	318	0	14	16
Adana	Kozan	635	483	40	29	83
Adana	Osmaniye	471	434	0	14	23
Kayseri	Pınarbaşı	1174	593	580	1	0
Adana	Pozantı	50	32	0	1	17
Adana	Saimbeyli	93	53	15	2	22
Kayseri	Sarız	476	221	255	0	0
Kayseri	Talas	195	103	90	0	1
Kayseri	Tomarza	861	409	450	1	0
Adana	Tufanbeyli	319	309	0	2	8
	TOPLAM	7422	4466	2648	78	230

EK D: Havalarda dönüşüm sonrası debi histogam ve normal dağılım eğrileri.

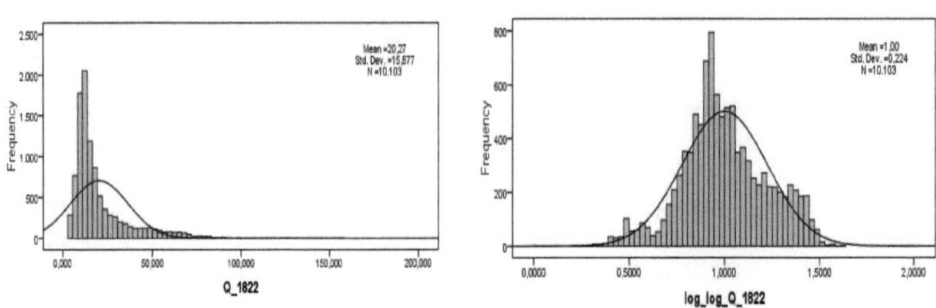

Şekil D.1: 1822 nolu havzada debi dönüşüm histogramları.

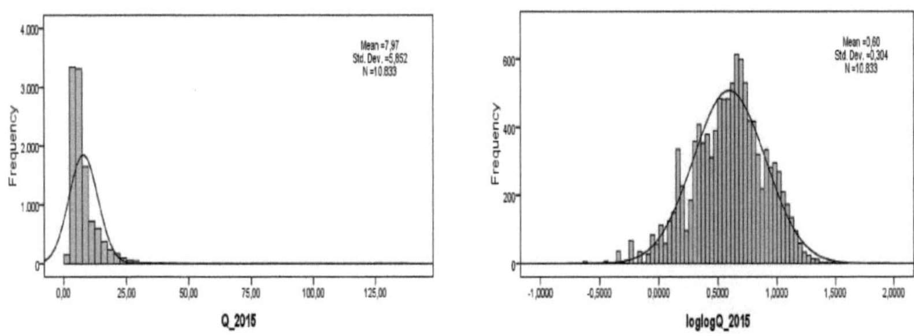

Şekil D.2: 2015 nolu havzada debi donüşüm histogramları.

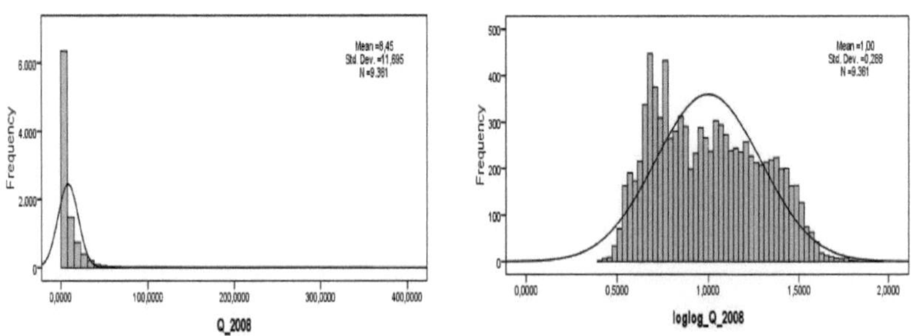

Şekil D.3: 2008 nolu havzada debi donüşüm histogramları.

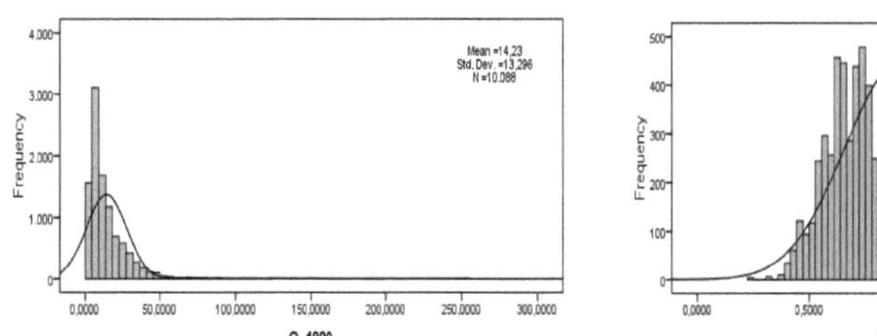

Şekil D.4: 1820 nolu havzada debi donüşüm histogramları.

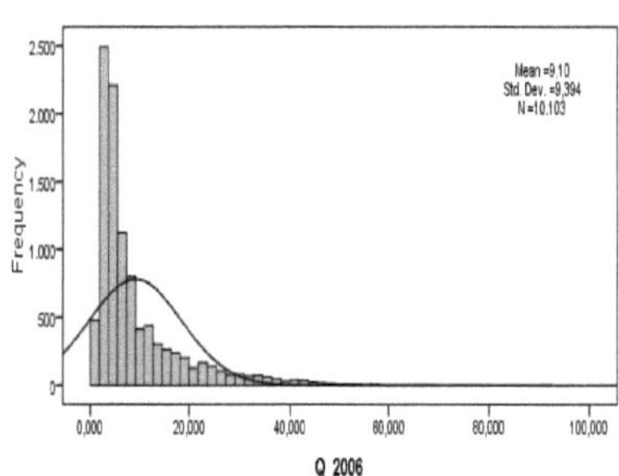

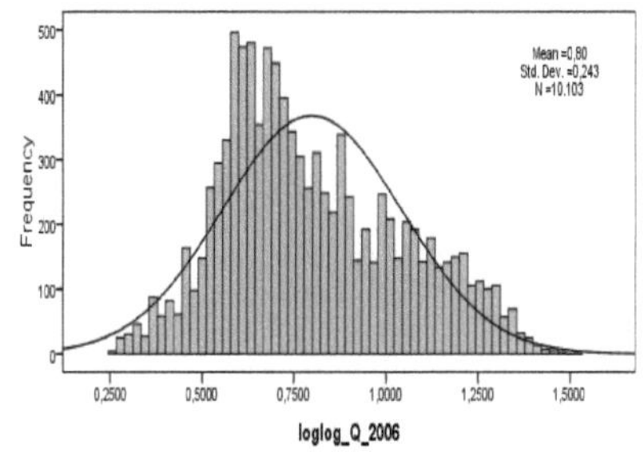

Şekil D.5: 2006 nolu havzada debi donüşüm histogramları.

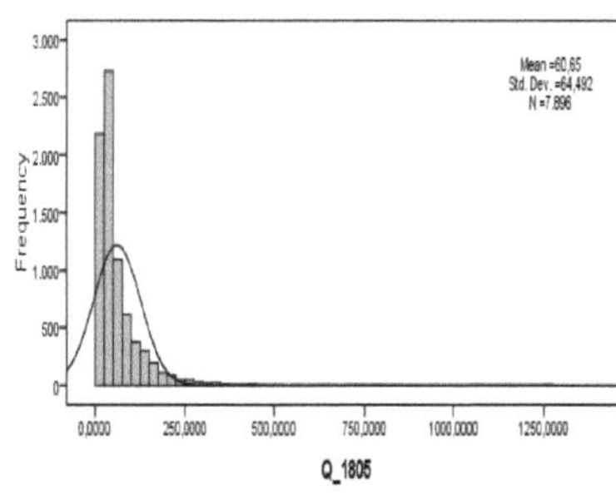

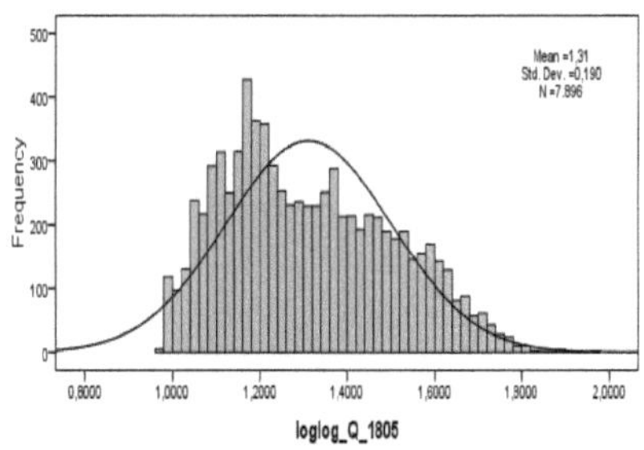

Şekil D.6: 1805 nolu havzada debi donüşüm histogramları.

EK E: Debi yağış korelagramları.

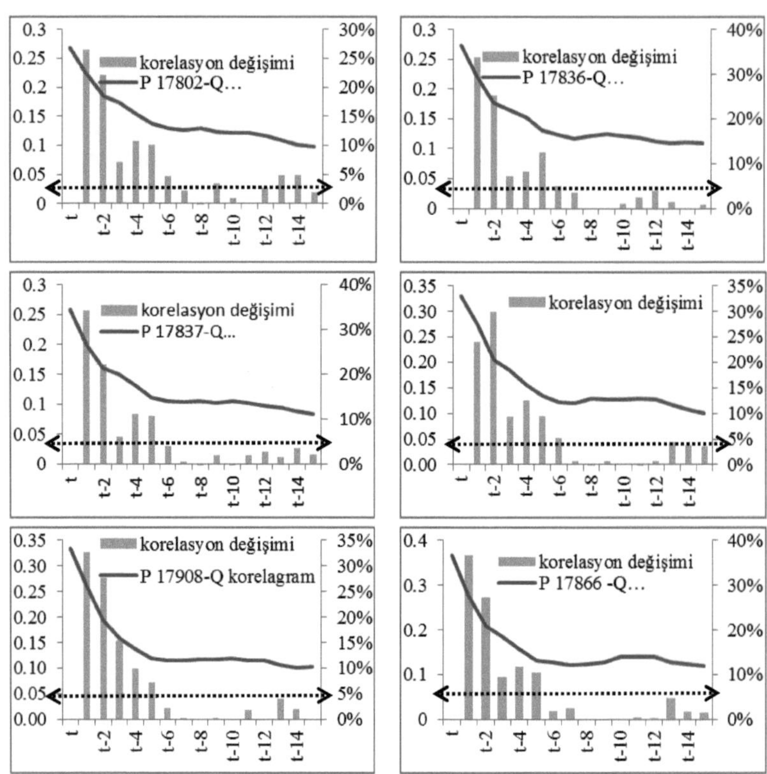

Şekil E.1: 1805 nolu havzada debi yağış ilişkisi korelagramları.

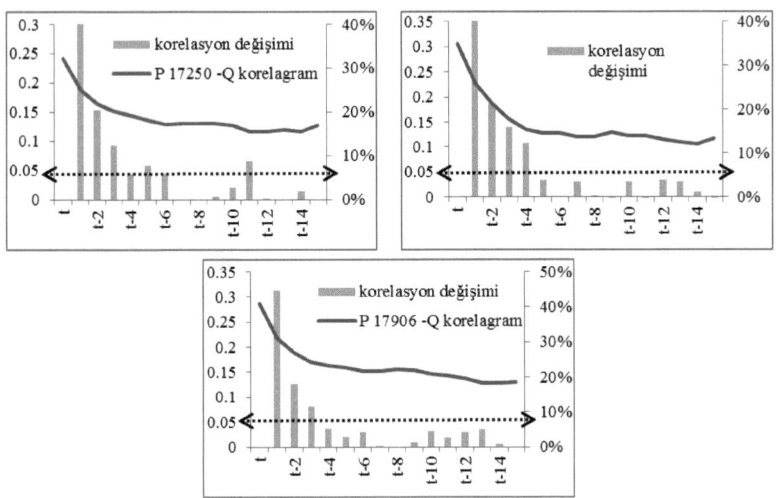

Şekil E.2: 1820 nolu havzada debi yağış ilişkisi korelagramları.

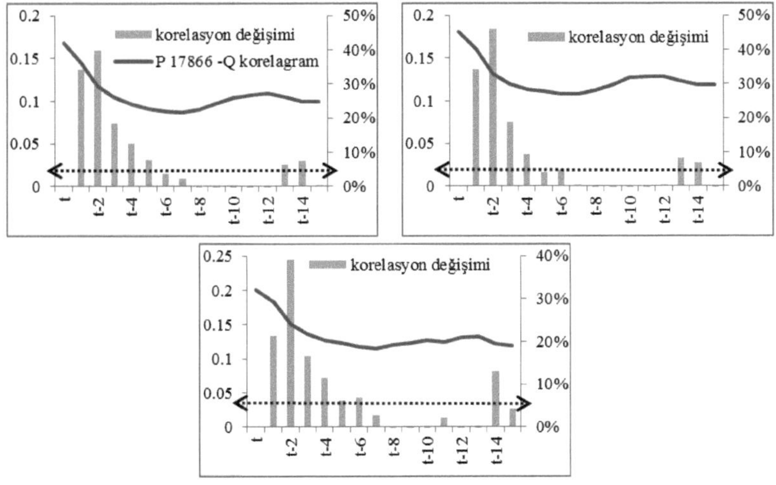

Şekil E.3: 2006 nolu havzada debi yağış ilişkisi korelagramları.

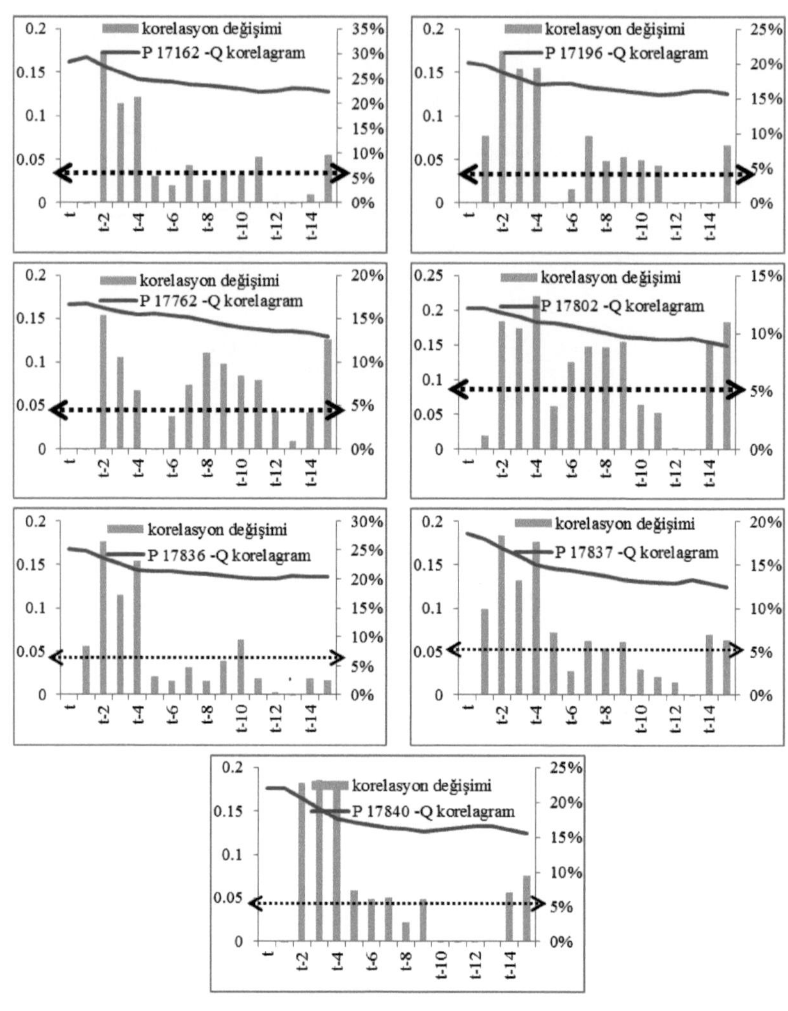

Şekil E.4: 1822 nolu havzada debi yağış ilişkisi korelagramları.

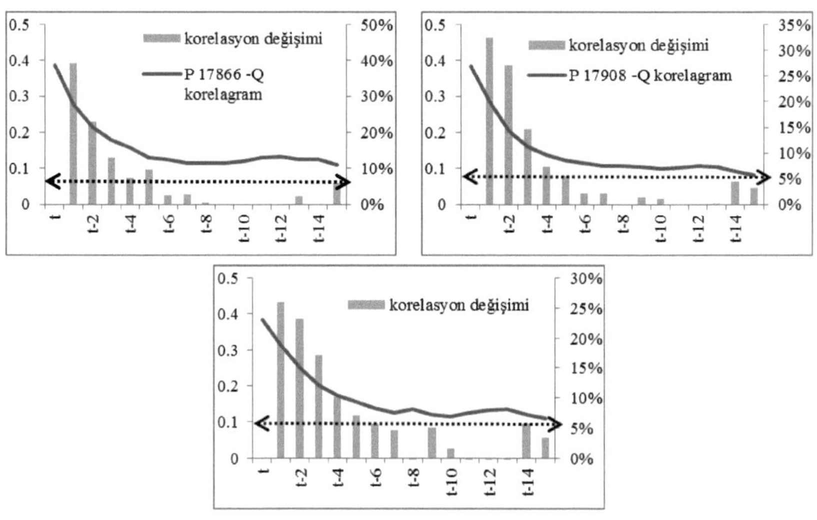

ŞekilE.5: 2008 nolu havzada debi yağış ilişkisi korelagramları.

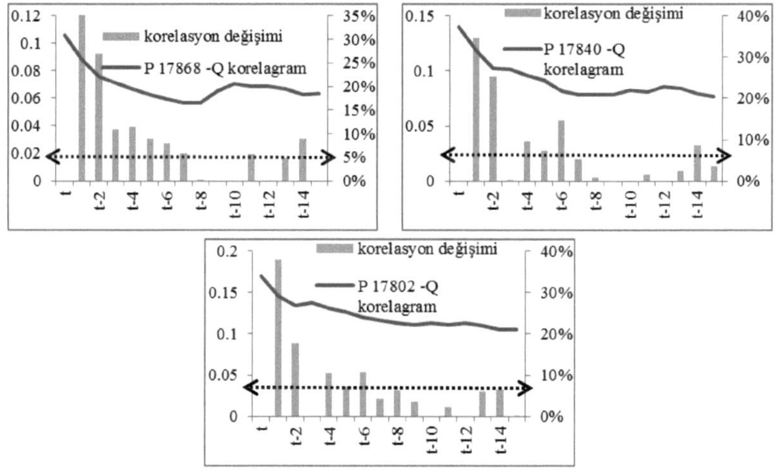

Şekil E.6: 2015nolu havzada debi yağış ilişkisi korelagramları.

EK F: Havzalarda AARve GDR modelleri regresyon katsayıları.

Çizelge F.1: 1820 havzasındaAARve GDRmodellerinihai adım regresyon katsayıları.

AAR model 17		Stan. Kats.			Kolinearite istatistikleri				GDR model 3		Stan. Kats			Kolinearite istatistikleri			
	B	Stan. Hata	Beta	T	Tolerans	VİF	Eigen değeri	Condition Indeks		B	Satan. hata	Beta	t	Tolerans	VİF	Eigen değeri	Condition Indeks
(Sabit)	0.778	0.003		254.7			7.586	1.000	(Sabit)	0.778	0.003		254.6			8.026	1.000
17906_t	0.021	0.002	0.116	8.619	0.405	2.468	1.902	1.997	17250_t	0.011	0.002	0.064	4.715	0.40	2.482	1.937	2.035
17250_t7	0.024	0.002	0.132	14.47	0.875	1.143	1.583	2.189	17250_t2	0.005	0.002	0.029	2.114	0.383	2.612	1.645	2.209
17906_t2	0.010	0.003	0.053	3.795	0.376	2.660	1.204	2.510	17250_t3	0.005	0.002	0.029	2.058	0.382	2.619	1.269	2.515
17906_t5	0.012	0.002	0.066	4.853	0.400	2.502	0.954	2.820	17250_t4	0.006	0.002	0.035	2.551	0.383	2.612	0.961	2.890
17936_t	0.011	0.002	0.079	6.930	0.566	1.768	0.772	3.134	17250_t5	0.007	0.002	0.041	3.021	0.397	2.522	0.791	3.185
17906_t3	0.009	0.003	0.052	3.744	0.376	2.661	0.666	3.375	17250_t6	0.013	0.002	0.073	6.766	0.623	1.605	0.667	3.470
17906_t4	0.011	0.002	0.062	4.578	0.400	2.501	0.580	3.617	17250_t7	0.024	0.002	0.133	14.50	0.875	1.143	0.591	3.684
17250_t6	0.013	0.002	0.073	6.710	0.624	1.603	0.448	4.117	17936_t	0.011	0.002	0.079	6.944	0.566	1.768	0.478	4.096
17906_t1	0.012	0.002	0.064	5.832	0.609	1.641	0.439	4.159	17936_t1	0.006	0.002	0.041	3.442	0.512	1.954	0.439	4.277
17936_t2	0.005	0.002	0.038	3.240	0.544	1.839	0.333	4.770	17936_t2	0.005	0.002	0.032	2.680	0.511	1.957	0.368	4.667
17250_t	0.011	0.002	0.064	4.729	0.403	2.482	0.326	4.826	17936_t3	0.003	0.002	0.022	1.878	0.540	1.853	0.330	4.934
17936_t5	0.006	0.002	0.041	3.810	0.618	1.618	0.274	5.258	17936_t5	0.006	0.002	0.040	3.642	0.614	1.629	0.294	5.222
17936_t1	0.006	0.002	0.042	3.489	0.512	1.953	0.197	6.199	17906_t	0.021	0.002	0.116	8.607	0.405	2.468	0.270	5.451
17250_t4	0.007	0.002	0.041	3.004	0.400	2.500	0.190	6.316	17906_t1	0.012	0.002	0.064	5.809	0.609	1.642	0.197	6.376
17250_t5	0.007	0.002	0.042	3.067	0.397	2.520	0.187	6.377	17906_t2	0.010	0.003	0.053	3.799	0.376	2.660	0.190	6.497
17250_t3	0.005	0.002	0.030	2.145	0.383	2.613	0.182	6.449	17906_t3	0.009	0.003	0.052	3.743	0.376	2.661	0.187	6.559
17250_t2	0.005	0.002	0.029	2.068	0.383	2.611	0.176	6.565	17906_t4	0.010	0.003	0.056	3.979	0.376	2.661	0.182	6.634
									17906_t5	0.012	0.002	0.066	4.859	0.400	2.502	0.175	6.764

Çizelge F.2: 1805 havzasında AAR ve GDR modelleri nihai adım regresyon katsayıları.

AARmodel 23	Stan. Kats.		Kolinearite istatistikleri				GDRmodel 21	Stan. Kats.		Kolinearite istatistikleri			
	B	T	Tolerans	VİF	Eigen değeri	Condition İndeks		B	t	Tolerans	VİF	Eigendeğeri	Condition İndeks
(Sabit)	1.201	464.401			9.813	1.000	(Sabit)	1.201	464.425			10.216	1.000
17866_t	0.007	3.359	0.311	3.218	2.496	1.983	17866_t	0.006	3.341	0.311	3.219	2.655	1.962
17840_t2	0.004	2.352	0.408	2.448	1.857	2.299	17866_t1	0.005	2.391	0.321	3.120	2.016	2.251
17840_t6	0.007	3.999	0.433	2.310	1.384	2.662	17866_t6	0.003	1.799	0.312	3.206	1.443	2.661
17908_t1	0.008	4.847	0.415	2.408	0.989	3.151	17908_t	0.013	8.041	0.426	2.345	1.003	3.191
17836_t5	0.008	4.705	0.584	1.711	0.733	3.658	17908_t1	0.008	4.876	0.415	2.409	0.743	3.709
17836_t3	0.006	3.130	0.451	2.216	0.600	4.044	17908_t2	0.006	4.305	0.481	2.080	0.604	4.112
17908_t	0.012	8.021	0.426	2.345	0.468	4.578	17908_t3	0.004	2.899	0.481	2.080	0.474	4.641
17908_t2	0.006	4.317	0.481	2.080	0.420	4.832	17908_t4	0.005	3.089	0.481	2.079	0.420	4.930
17908_t6	0.006	4.188	0.507	1.971	0.376	5.110	17908_t5	0.004	3.048	0.523	1.911	0.378	5.199
17836_t	0.007	3.688	0.452	2.214	0.348	5.307	17908_t6	0.005	3.046	0.418	2.392	0.349	5.408
17840_t1	0.005	2.799	0.396	2.522	0.302	5.699	17840_t	0.005	2.933	0.354	2.822	0.305	5.787
17908_t4	0.005	3.085	0.481	2.079	0.272	6.003	17840_t1	0.005	2.825	0.396	2.523	0.273	6.115
17836_t6	0.009	4.760	0.462	2.165	0.265	6.087	17840_t2	0.004	2.362	0.408	2.449	0.265	6.206
17840_t4	0.004	2.668	0.416	2.406	0.246	6.314	17840_t3	0.004	2.475	0.407	2.455	0.248	6.424
17908_t3	0.004	2.930	0.481	2.079	0.245	6.324	17840_t4	0.004	2.656	0.416	2.406	0.246	6.442
17836_t2	0.006	3.068	0.460	2.174	0.228	6.567	17840_t6	0.005	2.937	0.363	2.756	0.230	6.658
17840_t	0.005	2.948	0.354	2.822	0.218	6.712	17836_t	0.007	3.698	0.452	2.214	0.221	6.797
17908_t5	0.004	3.140	0.525	1.906	0.214	6.770	17836_t2	0.006	3.066	0.460	2.174	0.217	6.856
17836_t4	0.006	3.218	0.453	2.206	0.190	7.191	17836_t3	0.006	3.100	0.451	2.217	0.190	7.335
17840_t3	0.004	2.465	0.407	2.455	0.181	7.357	17836_t4	0.006	3.191	0.453	2.207	0.182	7.498
17866_t1	0.005	2.439	0.321	3.118	0.153	7.998	17836_t5	0.008	4.672	0.584	1.712	0.168	7.803
							17836_t6	0.008	4.284	0.442	2.263	0.153	8.172

Çizelge F.3: 1822 havzasındaAAR ve GDR modelleri nihai adım regresyon katsayıları.

AAR Model 23			Stan. Kats		Kolinearite istatistikleri				GDR Model 22			Stan. Kats		Kolinearite istatistikleri			
	B	Stan. hata	Beta	t	Tole-rans	VİF	Eigen değe-ri	Condi tion Indeks		B	Sa-tan.hata	Beta	t	Tole-rans	VİF	Eigen değe-ri	Conditi on Indeks
(Sabit)	0.888	0.003		298.8			10.85	1.000	(Sabit)	0.888	0.003		298.6			10.85	1.000
17802_t1	0.008	0.002	0.055	3.729	0.358	2.794	2.726	1.995	17162_t	0.007	0.002	0.049	3.205	0.344	2.908	2.724	1.996
17196_t3	0.007	0.002	0.043	3.110	0.405	2.468	2.038	2.308	17162_t3	0.005	0.002	0.030	2.047	0.358	2.791	2.079	2.285
17196_t5	0.009	0.002	0.059	4.195	0.398	2.513	1.519	2.673	17196_t	0.006	0.002	0.040	2.565	0.331	3.019	1.511	2.680
17196_t	0.006	0.002	0.039	2.519	0.332	3.017	1.107	3.131	17196_t1	0.006	0.002	0.038	2.757	0.406	2.463	1.134	3.095
17840_t6	0.008	0.002	0.057	4.437	0.481	2.081	0.883	3.507	17196_t2	0.007	0.002	0.043	3.106	0.405	2.472	0.882	3.509
17802_t2	0.007	0.002	0.049	3.310	0.358	2.795	0.788	3.711	17196_t3	0.005	0.002	0.035	2.249	0.335	2.987	0.799	3.686
17802_t4	0.005	0.002	0.036	2.454	0.357	2.801	0.429	5.031	17196_t4	0.007	0.002	0.046	3.325	0.405	2.468	0.426	5.048
17840_t	0.004	0.002	0.033	2.169	0.349	2.864	0.388	5.287	17196_t5	0.009	0.002	0.059	4.209	0.398	2.514	0.367	5.442
17836_t6	0.010	0.002	0.066	5.231	0.495	2.019	0.313	5.891	17762_t	0.004	0.002	0.026	1.841	0.405	2.467	0.307	5.951
17762_t3	0.004	0.002	0.024	1.820	0.437	2.291	0.296	6.058	17762_t1	0.004	0.002	0.028	2.077	0.436	2.292	0.290	6.118
17162_t	0.007	0.002	0.050	3.288	0.344	2.904	0.267	6.377	17762_t2	0.005	0.002	0.031	2.352	0.446	2.240	0.255	6.529
17196_t2	0.007	0.002	0.044	3.183	0.405	2.468	0.254	6.533	17762_t4	0.005	0.002	0.033	2.514	0.447	2.236	0.246	6.640
17196_t4	0.007	0.002	0.046	3.322	0.405	2.469	0.234	6.804	17762_t5	0.005	0.002	0.032	2.345	0.416	2.404	0.236	6.787
17762_t5	0.005	0.002	0.031	2.278	0.416	2.407	0.232	6.839	17802_t	0.005	0.002	0.036	2.218	0.294	3.396	0.232	6.845
17196_t1	0.006	0.002	0.039	2.778	0.406	2.463	0.219	7.041	17802_t1	0.008	0.002	0.055	3.726	0.358	2.794	0.222	6.996
17802_t3	0.007	0.002	0.048	3.222	0.358	2.795	0.216	7.083	17802_t2	0.007	0.002	0.047	3.139	0.359	2.787	0.209	7.211
17762_t	0.004	0.002	0.025	1.818	0.405	2.467	0.208	7.219	17802_t3	0.007	0.002	0.049	3.466	0.387	2.584	0.201	7.342
17762_t2	0.004	0.002	0.029	2.161	0.436	2.291	0.191	7.529	17802_t4	0.005	0.002	0.036	2.425	0.357	2.800	0.187	7.624
17802_t5	0.007	0.002	0.049	3.055	0.304	3.292	0.182	7.715	17802_t5	0.007	0.002	0.049	3.061	0.304	3.292	0.184	7.680
17840_t5	-0.01	0.002	-0.03	-2.35	0.342	2.922	0.176	7.861	17836_t6	0.010	0.002	0.066	5.228	0.495	2.019	0.173	7.912
17762_t4	0.004	0.002	0.030	2.260	0.436	2.295	0.165	8.107	17840_t	0.004	0.002	0.032	2.148	0.349	2.865	0.165	8.108
17802_t	0.005	0.002	0.036	2.180	0.295	3.395	0.158	8.290	17840_t5	-0.01	0.002	-0.04	-2.43	0.342	2.922	0.158	8.287
17762_t1	0.004	0.002	0.027	2.019	0.436	2.294	0.156	8.349	17840_t6	0.008	0.002	0.057	4.433	0.481	2.081	0.156	8.348

Çizelge F.4: 2006 havzasının AAR ve GDR modelleri nihai adım regresyon katsayıları.

GDR Model 7			Stan. Kats.				Kolinearite istatistikleri		AAR Model 13			Stan. Kats.				Kolinearite istatistikleri	
	B	satandart hata	Beta	T	Tolerans	VİF	Eigen değeri	Condition İndeks		B	satandart hata	Beta	t	Tolerans	VİF	Eigen değeri	Condition İndeks
(Sabit)	0.690	0.003		208.3			7.431	1.000	(Sabit)	0.690	0.003		208.2			6.518	1.000
17866_t5	-0.005	0.003	-0.034	-1.898	0.256	3.903	1.877	1.989	17840_t	0.015	0.002	0.099	7.522	0.476	2.102	1.655	1.984
17868_t	0.009	0.002	0.057	4.311	0.481	2.078	1.337	2.358	17840_t7	0.017	0.001	0.112	11.26	0.832	1.201	1.128	2.404
17868_t1	0.005	0.002	0.031	2.288	0.465	2.152	0.967	2.772	17840_t3	0.011	0.002	0.073	6.754	0.717	1.395	0.952	2.617
17868_t2	0.004	0.002	0.027	2.022	0.464	2.154	0.886	2.897	17840_t5	0.007	0.002	0.048	3.529	0.452	2.210	0.762	2.925
17868_t3	0.004	0.002	0.022	1.664	0.464	2.154	0.670	3.329	17840_t1	0.010	0.002	0.064	4.741	0.452	2.211	0.633	3.208
17868_t4	0.005	0.002	0.032	2.357	0.462	2.164	0.535	3.727	17840_t2	0.009	0.002	0.060	4.397	0.452	2.211	0.448	3.816
17868_t5	0.009	0.003	0.056	3.374	0.302	3.315	0.421	4.201	17840_t4	0.008	0.002	0.053	3.902	0.452	2.215	0.408	3.996
17840_t	0.015	0.002	0.099	7.527	0.476	2.102	0.406	4.276	17840_t6	0.010	0.002	0.068	6.366	0.721	1.387	0.387	4.102
17840_t1	0.010	0.002	0.065	4.806	0.452	2.212	0.292	5.045	17868_t	0.009	0.002	0.057	4.361	0.482	2.076	0.272	4.896
17840_t2	0.009	0.002	0.060	4.453	0.452	2.214	0.248	5.477	17868_t5	0.006	0.002	0.037	2.818	0.477	2.095	0.242	5.185
17840_t3	0.009	0.002	0.059	4.372	0.451	2.215	0.223	5.774	17868_t1	0.005	0.002	0.031	2.323	0.465	2.151	0.213	5.531
17840_t4	0.008	0.002	0.054	3.995	0.451	2.218	0.203	6.050	17868_t4	0.005	0.002	0.033	2.529	0.477	2.096	0.194	5.800
17840_t5	0.009	0.002	0.059	4.038	0.385	2.599	0.192	6.225	17868_t2	0.005	0.002	0.030	2.271	0.477	2.096	0.188	5.888
17840_t6	0.010	0.002	0.069	6.447	0.720	1.389	0.182	6.393									
17840_t7	0.017	0.001	0.112	11.23	0.832	1.202	0.131	7.539									

Çizelge F.5: 2008 havzasındaAAR ve GDR modelleri nihai adım regresyon katsayıları.

GDR Model 4			Stan. Kats.		Kolinearite istatistikleri				AAR Model 18			Stan. Kats.		Kolinearite istatistikleri			
	B	satan dart hata	Beta	T	Tole-rans	VİF	Eigen değeri	Conditi on İndeks		B	satan dart hata	Beta	T	Tole-rans	VİF	Eigen değe-ri	Conditi on İndeks
(Sabit)	0.835	0.005		177.9			8.873	1.000	(Sabit)	0.836	0.005		178.91			8.021	1.000
17866_t	0.015	0.003	0.090	4.954	0.417	2.400	2.513	1.879	17908_t1	0.016	0.003	0.096	5.425	0.439	2.278	2.229	1.897
17866_t1	0.009	0.003	0.054	3.087	0.440	2.275	1.801	2.220	17866_t6	0.013	0.003	0.074	4.534	0.516	1.938	1.741	2.147
17866_t2	0.008	0.003	0.049	2.672	0.405	2.472	1.358	2.556	17908_t	0.019	0.003	0.118	6.335	0.393	2.546	1.125	2.670
17866_t3	0.009	0.003	0.052	2.950	0.439	2.275	0.966	3.030	17866_t3	0.008	0.003	0.046	2.493	0.405	2.469	0.947	2.910
17866_t4	0.006	0.003	0.037	2.028	0.405	2.472	0.755	3.428	17940_t8	0.023	0.002	0.134	10.388	0.816	1.226	0.751	3.267
17866_t5	0.007	0.003	0.042	2.408	0.441	2.267	0.634	3.740	17908_t5	0.010	0.003	0.059	3.468	0.466	2.146	0.596	3.668
17866_t6	0.009	0.003	0.055	3.021	0.415	2.407	0.574	3.930	17908_t2	0.012	0.003	0.072	4.082	0.438	2.281	0.531	3.888
17908_t	0.019	0.003	0.119	6.382	0.392	2.548	0.478	4.308	17940_t7	0.014	0.002	0.085	6.070	0.699	1.431	0.495	4.026
17908_t1	0.015	0.003	0.094	5.342	0.438	2.282	0.441	4.486	17866_t	0.015	0.003	0.089	4.923	0.417	2.397	0.425	4.345
17908_t2	0.009	0.003	0.058	3.051	0.377	2.650	0.281	5.617	17908_t4	0.008	0.003	0.052	2.938	0.439	2.277	0.277	5.386
17908_t3	0.009	0.003	0.054	3.074	0.437	2.286	0.277	5.662	17866_t2	0.010	0.003	0.058	3.314	0.441	2.267	0.271	5.445
17908_t4	0.007	0.003	0.043	2.276	0.378	2.646	0.272	5.709	17940_t3	0.006	0.003	0.035	1.967	0.437	2.290	0.262	5.532
17908_t5	0.008	0.003	0.051	2.875	0.439	2.280	0.267	5.763	17866_t1	0.010	0.003	0.057	3.210	0.440	2.275	0.258	5.573
17908_t6	0.006	0.003	0.036	1.898	0.385	2.597	0.258	5.862	17940_t6	0.008	0.003	0.050	3.006	0.495	2.022	0.250	5.661
17940_t	0.009	0.003	0.051	2.891	0.437	2.288	0.246	6.003	17940_t	0.009	0.003	0.051	2.914	0.437	2.288	0.234	5.854
17940_t2	0.006	0.003	0.036	2.021	0.437	2.289	0.231	6.204	17866_t4	0.009	0.003	0.050	2.856	0.450	2.222	0.207	6.229
17940_t4	0.006	0.003	0.035	1.969	0.437	2.290	0.206	6.569	17940_t5	0.007	0.003	0.043	2.527	0.472	2.118	0.192	6.462
17940_t6	0.007	0.003	0.042	2.363	0.433	2.311	0.195	6.751	17908_t3	0.007	0.003	0.043	2.257	0.378	2.644	0.188	6.530
17940_t7	0.014	0.002	0.083	5.954	0.694	1.440	0.188	6.862									
17940_t8	0.023	0.002	0.134	10.36	0.816	1.226	0.185	6.917									

Çizelge F.6: 2015 havzasındaAAR ve GDR modelleri regresyon katsayıları.

GDR Model 8			Stan. Kats.				Kolinearite istatistikleri		AAR Model 17			Stan. Kats.				Kolinearite istatistikleri	
	B	satandart hata	Beta	t	Tole-rans	VİF	Eigendeğeri	Condition İndeks		B	satandart hata	Beta	t	Tole-rans	VİF	Eigendeğeri	Condition İndeks
(Sabit)	0.548	0.004		125.92			9.066	1.000	(Sabit)	0.548	0.004		126.21			8.129	1.000
17868_t1	-0.006	0.003	-0.027	-2.011	0.479	2.088	2.046	2.105	_17802_t	0.018	0.002	0.089	7.262	0.592	1.690	1.768	2.144
17868_t3	-0.006	0.003	-0.031	-2.293	0.478	2.094	1.662	2.336	_17802_t2	0.014	0.002	0.071	5.755	0.576	1.736	1.555	2.287
17868_t5	-0.005	0.003	-0.023	-1.669	0.479	2.090	1.318	2.623	_17802_t7	0.019	0.003	0.092	6.273	0.412	2.426	1.200	2.603
17840_t	-0.006	0.003	-0.032	-2.129	0.397	2.522	1.028	2.970	17802_t5	0.017	0.003	0.083	5.621	0.404	2.473	0.950	2.926
17840_t1	-0.005	0.003	-0.029	-1.699	0.309	3.235	0.816	3.333	17802_t3	0.018	0.003	0.087	5.797	0.394	2.540	0.787	3.215
17840_t2	-0.008	0.003	-0.042	-2.690	0.369	2.708	0.721	3.547	17840_t3	-0.007	0.003	-0.036	-2.144	0.315	3.179	0.656	3.520
17840_t3	-0.006	0.003	-0.032	-1.895	0.309	3.237	0.672	3.673	17802_t1	0.017	0.003	0.083	5.610	0.405	2.467	0.620	3.620
17840_t4	-0.008	0.003	-0.045	-2.880	0.369	2.708	0.407	4.718	17840_t7	-0.010	0.003	-0.056	-3.677	0.389	2.572	0.414	4.430
17840_t5	-0.007	0.003	-0.039	-2.289	0.309	3.237	0.333	5.217	17802_t6	0.016	0.003	0.081	5.499	0.404	2.475	0.345	4.857
17840_t6	-0.009	0.003	-0.049	-3.162	0.370	2.703	0.296	5.531	17840_t1	-0.009	0.003	-0.047	-3.078	0.384	2.601	0.294	5.254
17840_t7	-0.010	0.003	-0.054	-3.602	0.389	2.574	0.290	5.590	17840_t5	-0.010	0.003	-0.052	-3.380	0.373	2.680	0.258	5.619
17802_t	0.020	0.003	0.097	6.599	0.409	2.447	0.216	6.472	17802_t4	0.016	0.003	0.079	5.361	0.404	2.477	0.219	6.093
17802_t1	0.017	0.003	0.085	5.686	0.393	2.542	0.192	6.880	17868_t2	-0.007	0.003	-0.036	-2.886	0.559	1.788	0.181	6.698
17802_t2	0.017	0.003	0.082	5.543	0.404	2.478	0.181	7.073	17840_t6	-0.009	0.003	-0.051	-3.284	0.373	2.683	0.171	6.890
17802_t3	0.017	0.003	0.086	5.721	0.393	2.541	0.168	7.336	17840_t4	-0.009	0.003	-0.046	-2.980	0.370	2.704	0.160	7.134
17802_t4	0.016	0.003	0.080	5.380	0.403	2.479	0.156	7.628	17868_t	-0.006	0.002	-0.028	-2.323	0.597	1.676	0.153	7.280
17802_t5	0.017	0.003	0.086	5.740	0.394	2.539	0.150	7.764	17868_t3	-0.006	0.003	-0.027	-1.983	0.465	2.152	0.140	7.614
17802_t6	0.016	0.003	0.081	5.473	0.404	2.477	0.145	7.905									
17802_t7	0.018	0.003	0.091	6.223	0.412	2.426	0.135	8.189									

EK G: YSA modeli sonucu bulunan bağımsız değişken önem katsayıları

Çizelge G.1: YSA modeli sonucu bulunan Ortalama BDÖK.

Havza 2006		Havza 2008		Havza 2015	
	Ortalama BDÖK		Ortalama BDÖK		Ortalama BDÖK
17840_t7	0.080	17940_t8	0.071	17840_t6	0.046
17866_t4	0.054	17866_t	0.066	17802_t1	0.045
17840_t2	0.053	17940_t7	0.058	17868_t8	0.044
17868_t	0.051	17940_t4	0.053	17802_t2	0.042
17868_t4	0.050	17940_t1	0.052	17840_t4	0.042
17840_t	0.050	17940_t2	0.050	17868_t7	0.042
17866_t5	0.049	17940_t6	0.045	17802_t3	0.041
17840_t6	0.049	17940_t	0.045	17840_t3	0.041
17840_t1	0.048	17866_t2	0.043	17802_t7	0.041
17840_t5	0.046	17908_t6	0.043	17868_t3	0.041
17840_t3	0.046	17940_t5	0.043	17868_t2	0.040
17866_t2	0.045	17866_t1	0.042	17840_t	0.039
17866_t	0.045	17940_t3	0.042	17802_t4	0.039
17866_t3	0.044	17908_t2	0.040	17868_t	0.039
17840_t4	0.044	17866_t4	0.039	17802_t	0.038
17868_t1	0.043	17866_t6	0.038	17840_t7	0.037
17868_t2	0.043	17908_t5	0.037	17840_t1	0.037
17868_t5	0.043	17866_t3	0.037	17802_t6	0.036
17866_t6	0.040	17908_t	0.034	17868_t4	0.035
17866_t1	0.039	17866_t5	0.033	17868_t5	0.035
17868_t3	0.038	17908_t1	0.032	17868_t1	0.034
		17908_t3	0.029	17840_t2	0.034
		17908_t4	0.027	17840_t8	0.034
				17802_t5	0.033
				17868_t6	0.033
				17840_t5	0.032

Çizelge G.1 (devam) :YSA modeli sonucu bulunan Ortalama BDÖK.

Havza 1820		Havza 1805		Havza 1822	
	Ortalama BDÖK		Ortalama BDÖK		Ortalama BDÖK
17250_t7	0.079	17908_t	0.035	17837_t	0.029
17250_t6	0.067	17840_t	0.031	17196_t5	0.028
17250_t	0.057	17836_t	0.030	17162_t5	0.028
17906_t2	0.056	17908_t3	0.028	17836_t6	0.028
17906_t5	0.054	17836_t2	0.028	17836_t4	0.027
17906_t	0.054	17866_t	0.028	17196_t2	0.026
17250_t4	0.052	17908_t1	0.027	17836_t	0.025
17250_t1	0.052	17908_t2	0.026	17802_t2	0.025
17250_t3	0.049	17866_t6	0.026	17802_t4	0.025
17936_t	0.048	17840_t6	0.025	17802_t1	0.025
17250_t2	0.047	17836_t5	0.025	17840_t1	0.025
17250_t5	0.046	17908_t6	0.025	17196_t4	0.024
17906_t4	0.044	17866_t2	0.025	17840_t6	0.024
17906_t1	0.044	17866_t1	0.025	17762_t5	0.023
17936_t4	0.044	17836_t6	0.025	17196_t1	0.023
17936_t1	0.043	17802_t	0.025	17837_t4	0.023
17936_t2	0.042	17837_t	0.025	17762_t2	0.023
17936_t3	0.041	17866_t4	0.024	17836_t2	0.023
17936_t5	0.040	17837_t5	0.024	17196_t3	0.023
17906_t3	0.040	17802_t2	0.024	17196_t	0.022
		17837_t6	0.024	17162_t3	0.022
		17840_t1	0.023	17836_t5	0.022
		17908_t4	0.023	17802_t5	0.022
		17836_t4	0.023	17840_t	0.022
		17837_t4	0.023	17840_t5	0.022
		17802_t6	0.023	17162_t4	0.022
		17908_t5	0.022	17836_t3	0.022
		17840_t5	0.022	17837_t2	0.022
		17802_t4	0.022	17802_t3	0.021
		17836_t1	0.021	17162_t	0.021
		17837_t2	0.021	17837_t3	0.021
		17840_t2	0.021	17162_t2	0.021
		17866_t5	0.021	17840_t4	0.021
		17802_t1	0.021	17840_t3	0.021
		17840_t4	0.021	17836_t1	0.021
		17840_t3	0.020	17802_t	0.021
		17866_t3	0.020	17837_t1	0.021
		17837_t3	0.020	17762_t1	0.021
		17836_t3	0.020	17762_t4	0.020
		17802_t3	0.020	17762_t3	0.020
		17802_t5	0.019	17840_t2	0.019
		17837_t1	0.017	17762_t	0.019
				17162_t1	0.018
				17837_t5	0.017

EK H: Havzaların gecikme sürelerine karar çizelgeleri

Çizelge H.1: 1805 nolu havza civarı YGİ gecikme süreleri karar tablosu.

		GDR				AAR				YSA		Karar Şeması	Karar
	Sıra	Girdi değ.	B	Girdi değ.	T	Girdi	B	Girdi değ.	t	Girdi değ.	BDÖK	t=0.t_1=1…..t_6=7	
17802	1	--	--	--	--	--	--	--	--	17802_t	0.025	0.6	6
	2	--	--	--	--	--	--	--	--	17802_t6	0.023		
17908	1	17908_t	0.013	17908_t	8.041	17908_t	0.012	17908_t	8.021	17908_t	0.035	0.1-0.1-0.1-0.1-0.3	0
	2	17908_t1	0.008	17908_t1	4.876	17908_t1	0.008	17908_t1	4.847	17908_t3	0.028		
17840	1	17840_t	0.005	17840_t6	2.937	17840_t6	0.007	17840_t6	3.999	17840_t	0.031	0.6-6.0-6.0-6.0-0.6	6
	2	17840_t6	0.005	17840_t	2.933	17840_t	0.005	17840_t	2.948	17840_t6	0.025		
17837	1	--	--	--	--	--	--	--	--	17837_t	0.025	0.5	5
	2	--	--	--	--	--	--	--	--	17837_t5	0.024		
17866	1	17866_t	0.006	17866_t	3.341	17866_t	0.007	17866_t	3.359	17866_t	0.028	0.1-0.1-0.1-0.1-0.6	0
	2	17866_t1	0.005	17866_t1	2.391	17866_t1	0.005	17866_t1	2.439	17866_t6	0.026		
17836	1	17836_t6	0.008	17836_t6	4.284	17836_t6	0.009	17836_t6	4.760	17836_t	0.030	6.5-6.0-6.5-6.5-0.2	5
	2	17836_t5	0.008	17836_t	3.698	17836_t5	0.008	17836_t5	4.705	17836_t2	0.028		

Çizelge H.2:1820 nolu havza civarı YGİ gecikme süreleri karar tablosu.

		GDR				AAR				YSA		Karar Şeması	Karar
	Sıra	Girdi değ.	B	Girdi değ.	t	Girdi	B	Girdi değ.	t	Girdi değ.	BDÖK	t=0.t_1=1…..t_6=7	
17250	1	17250_t7	0.024	17250_t7	14.501	17250_t7	0.024	17250_t7	14.472	17250_t7	0.079	7.6-7.6-7.6-7.6-7.6	7
	2	17250_t6	0.013	17250_t6	6.766	17250_t6	0.013	17250_t6	6.710	17250_t6	0.067		
17906	1	17906_t	0.021	17906_t	8.607	17906_t	0.021	17906_t	8.619	17906_t2	0.056	0.5-0.1-0.5-0.1-2.5	5
	2	17906_t5	0.012	17906_t1	5.809	17906_t5	0.012	17906_t1	5.832	17906_t5	0.054		
17936	1	17936_t	0.011	17936_t	6.944	17936_t	0.011	17936_t	6.930	17936_t	0.048	0.1-0.5-0.1-0.5-0.4	0
	2	17936_t1	0.006	17936_t5	3.642	17936_t1	0.006	17936_t5	3.810	17936_t4	0.044		

Çizelge H.3: 2006 nolu havza civarı YGİ gecikme süreleri karar tablosu.

		GDR				AAR				YSA		Karar Şeması	Karar
	sıra	Girdi değ.	B	Girdi değ.	t	Girdi	B	Girdi değ.	T	Girdi değ.	BDÖK	t=0.t_1=1…..t_6=7	
17866	1	17866_t5	-0.005	17866_t5	-1.898	-----	-----	-----	-----	17866_t4	0.05416	4.5	0
	2	-----	-----	-----	-----	-----	-----	-----	-----	17866_t5	0.049232		
17840	1	17840_t7	0.017	17840_t7	11.236	17840_t7	0.017	17840_t7	11.261	17840_t7	0.080116	7.0-7.0-7.0-7.0-7.2	7
	2	17840_t	0.015	17840_t	7.527	17840_t	0.015	17840_t	7.522	17840_t2	0.053177		
17868	1	17868_t	0.009	17868_t	4.311	17868_t	0.009	17868_t	4.361	17868_t	0.050971	0.5-0.5-0.5-0.5-0.4	5
	2	17868_t5	0.009	17868_t5	3.374	17868_t5	0.006	17868_t5	2.818	17868_t4	0.050014		

Çizelge H.4: 1822 nolu havza civarı YGİ gecikme süreleri karar tablosu.

		GDR				AAR				YSA		Karar Şeması	Karar
	Sıra	Girdi değ.	B	Girdi değ.	t	Girdi	B	Girdi değ.	t	Girdi değ.	BDÖK	t=0.t_1=1.....t_6=7	
17837	1	-----	-----	-----	-----	-----	-----	-----	-----	17837_t	0.029	0.4	0
	2	-----	-----	-----	-----	-----	-----	-----	-----	17837_t4	0.023		
17196	1	17196_t5	0.009	17196_t5	4.209	17196_t5	0.009	17196_t5	4.195	17196_t5	0.028	5.4-5.4-5.4.5.4-5.4	5
	2	17196_t4	0.007	17196_t4	3.325	17196_t4	0.007	17196_t4	3.322	17196_t4	0.024		
17162	1	17162_t	0.007	17162_t	3.205	17162_t	0.007	17162_t	3.288	17162_t5	0.028	0.3-0.3-0-0-5.3	5
	2	17162_t3	0.005	17162_t3	2.047	-----	-----	-----	-----	17162_t3	0.022		
17836	1	17836_t6	0.010	17836_t6	5.228	17836_t6	0.010	17836_t6	5.231	17836_t6	0.028	6-6-6-6-6.4	0
	2	-----	-----	-----	-----	-----	-----	-----	-----	17836_t4	0.027		
17802	1	17802_t1	0.008	17802_t1	3.726	17802_t1	0.008	17802_t1	3.729	17802_t2	0.025	1.3-1.3-1.5-1.2-2.4	3
	2	17802_t3	0.007	17802_t3	3.466	17802_t5	0.007	17802_t2	3.310	17802_t4	0.025		
17840	1	17840_t6	0.008	17840_t6	4.433	17840_t6	0.008	17840_t6	4.437	17840_t1	0.025	6.0-6.0-6.0-6.0-1.6	6
	2	17840_t	0.004	17840_t	2.148	17840_t	0.004	17840_t	2.169	17840_t6	0.024		
17762	1	17762_t4	0.005	17762_t4	2.514	17762_t5	0.005	17762_t5	2.278	17762_t5	0.023	4.5-4.2-5.4-5.4-5.2	5
	2	17762_t5	0.005	17762_t2	2.352	17762_t4	0.004	17762_t4	2.260	17762_t2	0.023		

Çizelge H.5: 2008 nolu havza civarı YGİ gecikme süreleri karar tablosu.

		GDR				AAR				YSA		Karar Şeması	Karar
	Sıra	Girdi değ.	B	Girdi değ.	t	Girdi	B	Girdi değ.	T	Girdi değ.	BDÖK	t=0.t_1=1.....t_6=7	
17866	1	17866_t	0.015	17866_t	4.954	17866_t	0.015	17866_t	4.923	17866_t	0.06622	0.6-0.1-0.6-0.6-0.2	6
	2	17866_t6	0.009	17866_t1	3.087	17866_t6	0.013	17866_t6	4.534	17866_t2	0.043335		
17940	1	17940_t8	0.023	17940_t8	10.368	17940_t8	0.023	17940_t8	10.388	17940_t8	0.070786	8.7-8.7-8.7-8.7-8.7	8
	2	17940_t7	0.014	17940_t7	5.954	17940_t7	0.014	17940_t7	6.070	17940_t7	0.05759		
17908	1	17908_t	0.019	17908_t	6.382	17908_t	0.019	17908_t	6.335	17908_t6	0.042913	0.1-0.1-0.1-0.1-6.2	1
	2	17908_t1	0.015	17908_t1	5.342	17908_t1	0.016	17908_t1	5.425	17908_t2	0.039868		

Çizelge H.6: 2015 nolu havza civarı YGİ gecikme süreleri karar tablosu.

		GDR				AAR				YSA		Karar Şeması	Karar
	Sıra	Girdi değ.	B	Girdi değ.	t	girdi	B	Girdi değ.	t	Girdi değ.	BDÖK	t=0.t_1=1.....t_6=7	
17802	1	17802_t	0.020	17802_t	6.599	17802_t7	0.019	17802_t	7.262	17802_t1	0.045464	0.7-0.7-7.0-0.7-1.2	7
	2	17802_t7	0.018	17802_t7	6.223	17802_t	0.018	17802_t7	6.273	17802_t2	0.042265		
17840	1	17840_t1	-0.005	17840_t1	-1.699	17840_t3	-0.007	17840_t3	-2.144	17840_t6	0.046128	1.0-1.3-3.4-3.4-6.4	4
	2	17840_t	-0.006	17840_t3	-1.895	17840_t4	-0.009	17840_t4	-2.980	17840_t4	0.042127		
17868	1	17868_t5	-0.005	17868_t5	-1.669	17868_t3	-0.006	17868_t3	-1.983	17868_t8	0.043779	5.1-5.1-3.0-3.0-8.7	0
	2	17868_t1	-0.006	17868_t1	-2.011	17868_t	-0.006	17868_t	-2.323	17868_t7	0.041631		

EK I: Çalışılan havzaların aylık ortalama ve maksimum akış katsayısı değerleri

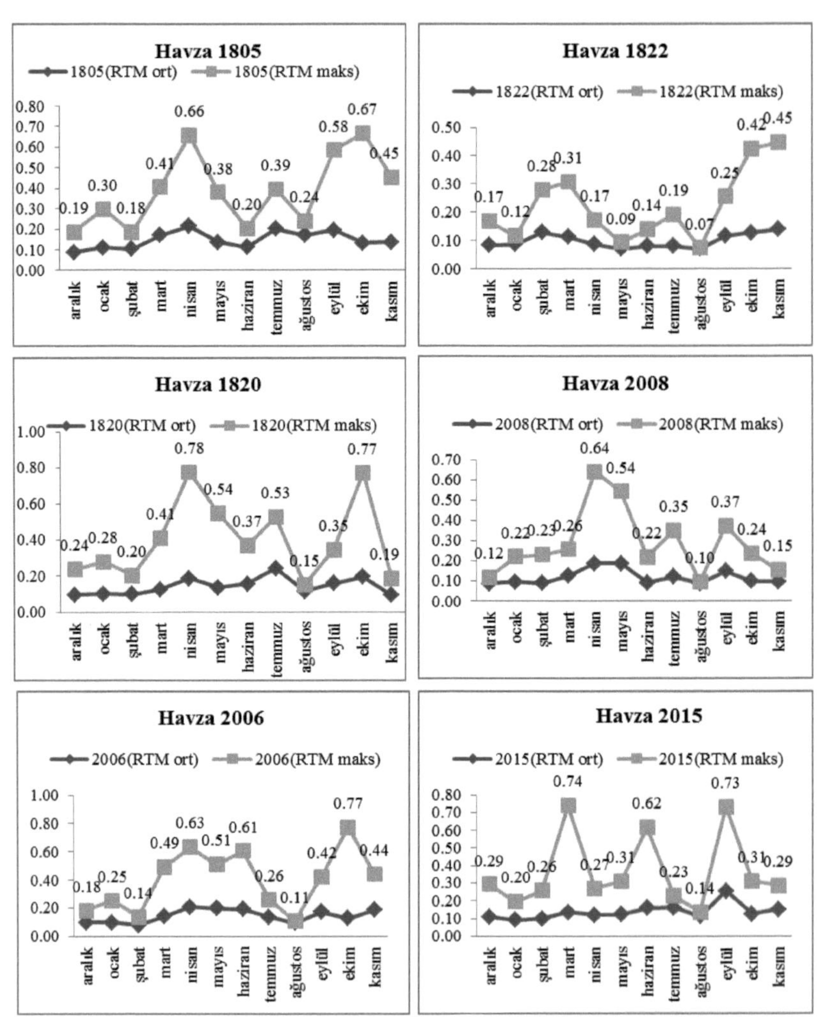

Şekil I.1: Havzalarda hesaplanan aylık ortalama ve maks. C değerleri.

EK J: Havzalarda zaman serisi modelleri aylık C tahmin değerleri.

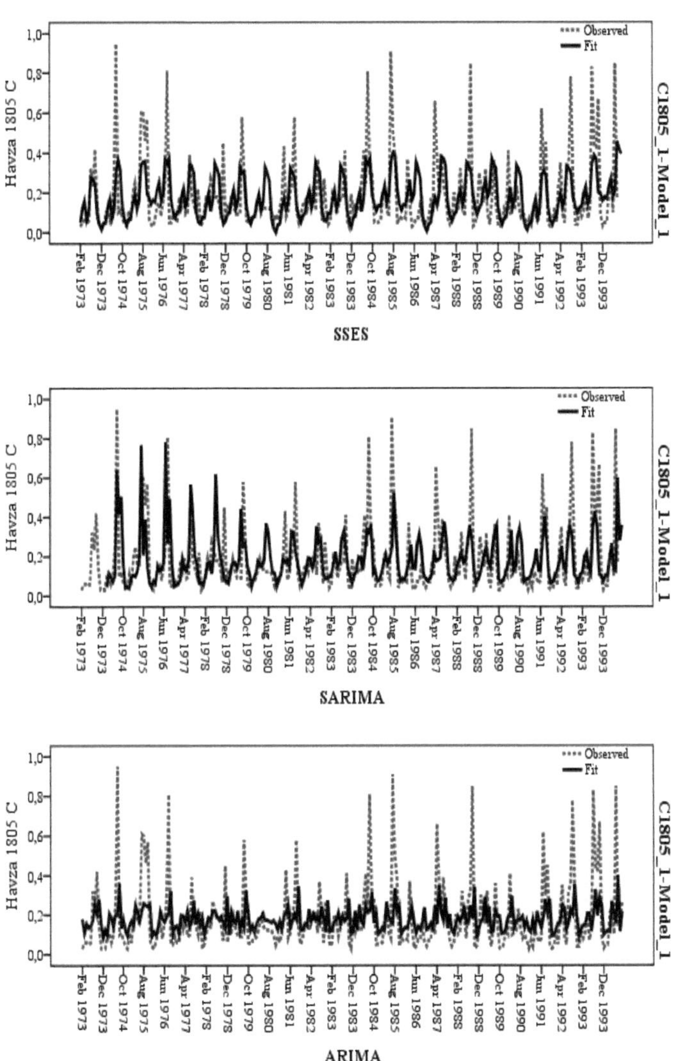

Şekil J.1:1805 nolu havzada aylık C ve model tahmin değerleri.

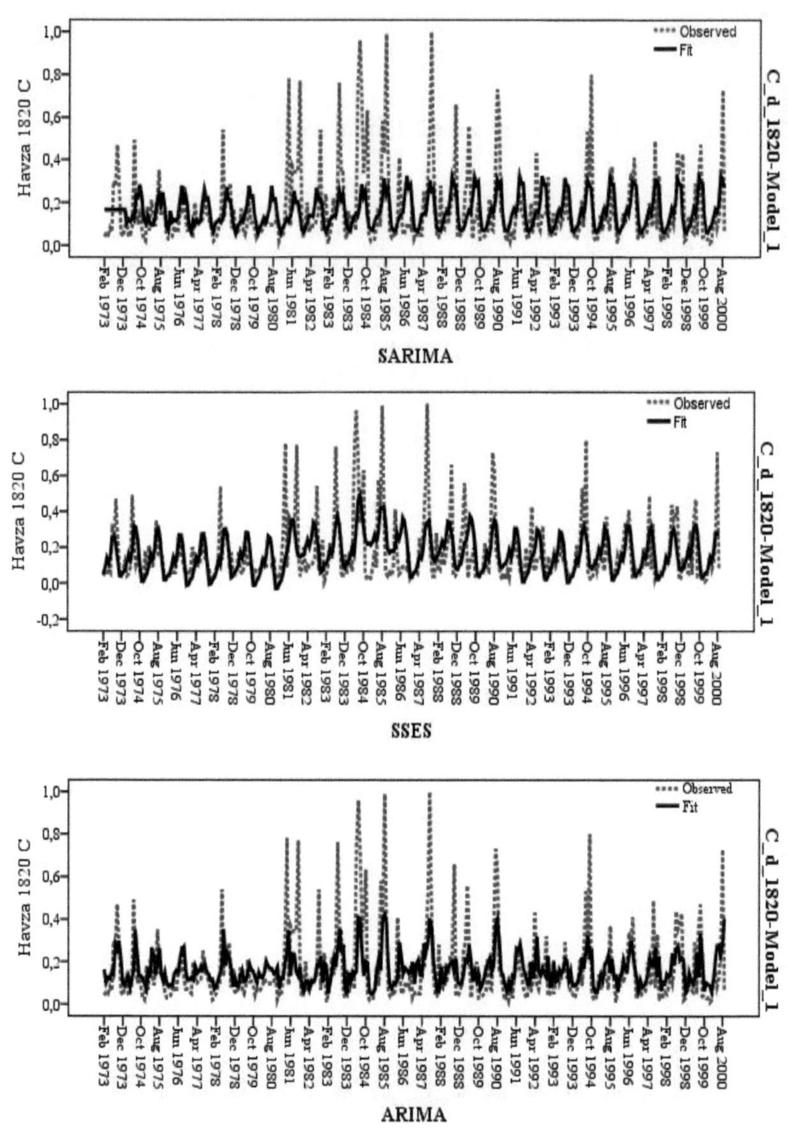

Şekil J.2: 1820 nolu havzada aylık C ve model tahmin değerleri.

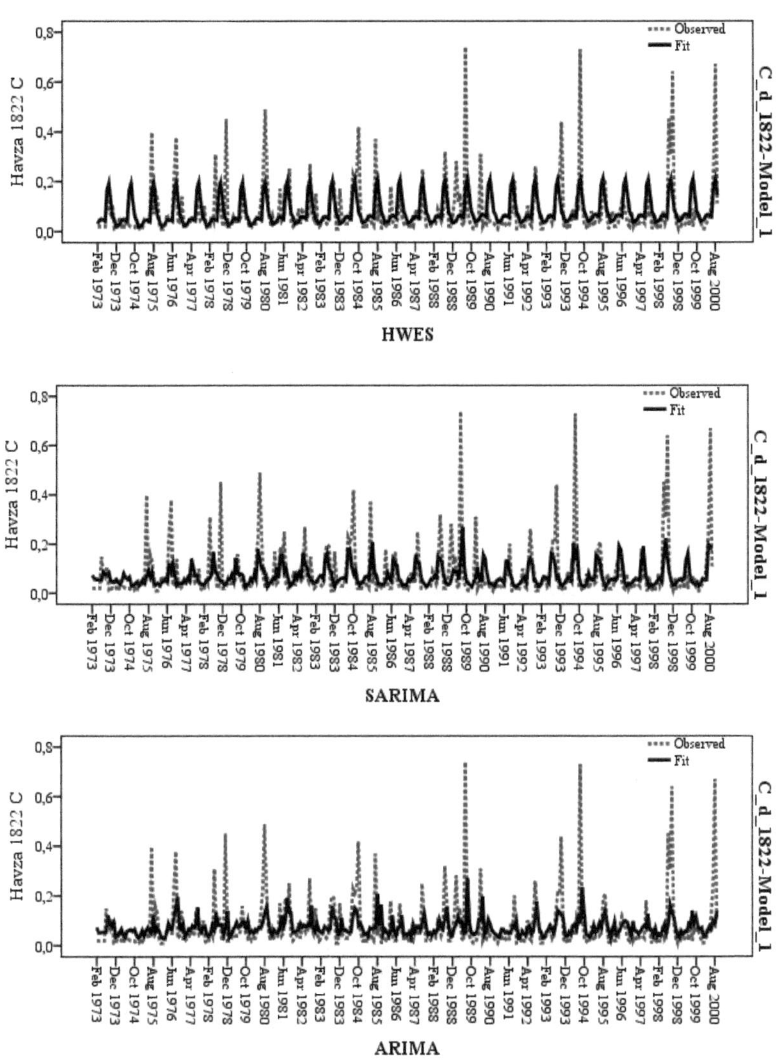

Şekil J.3: 1822 nolu havzada aylık C ve model tahmin değerleri.

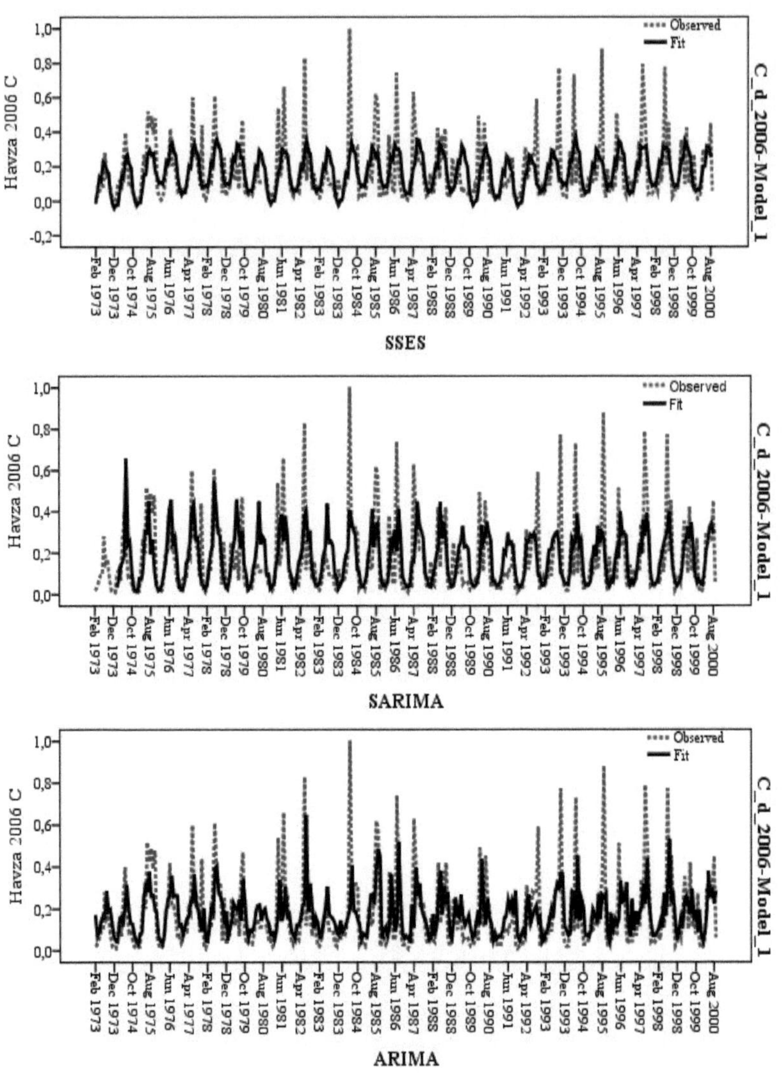

Şekil J.4:2006 nolu havzada aylık C ve model tahmin değerleri.

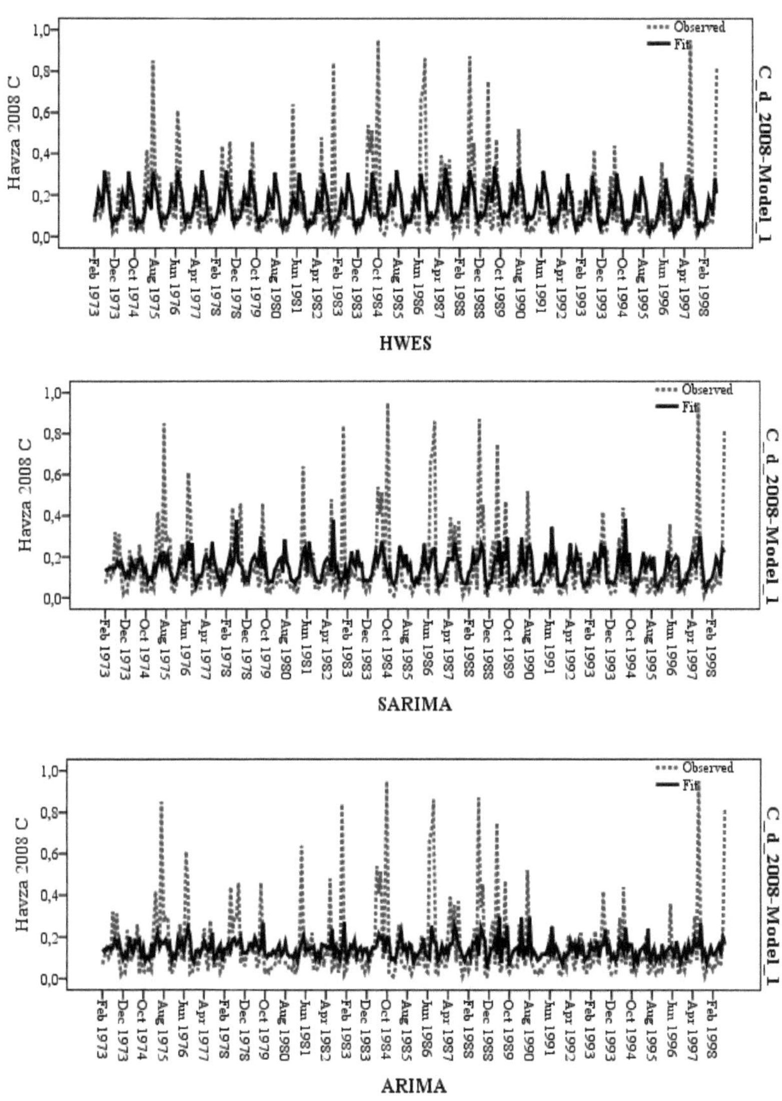

Şekil J.5:2008 nolu havzada aylık C ve model tahmin değerleri.

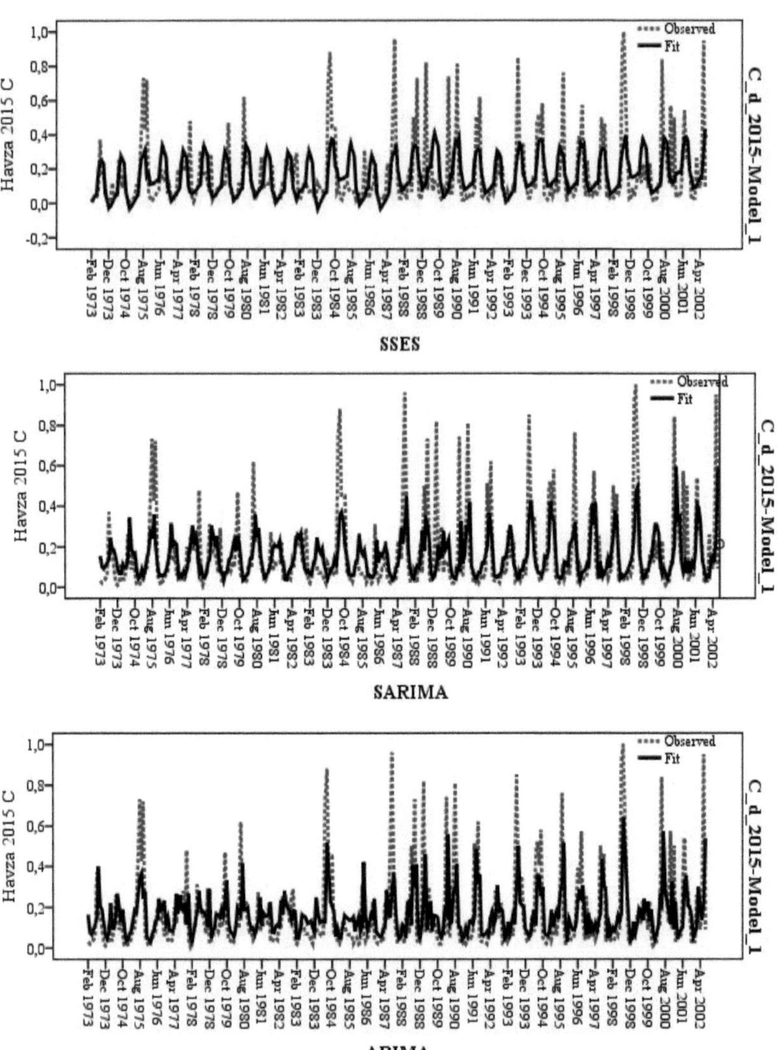

Şekil J.6:2015 nolu havzada aylık C ve model tahmin değerleri.

Printed by Books on Demand GmbH, Norderstedt / Germany